燃气-蒸汽联合循环发电机组运行技术问答

余热锅炉设备与运行

丛书主编 张 磊
主　　编 单志栩
副 主 编 吴 华 史国梁
　　　　 孙华强 张乃强

内 容 提 要

由于我国大容量、高参数的燃气-蒸汽联合循环发电机组的装机容量逐年上升，为满足广大生产管理人员和专业技术人员应对新知识、新技能带来的挑战，特组织编写《燃气-蒸汽联合循环发电机组运行技术问答》丛书。

本套丛书采用问答形式编写，以岗位技能为主线，理论突出重点，实践注重技能。

本书为《余热锅炉设备与运行》分册，介绍了燃气机组余热锅炉系统及设备，包含发电厂运行维护人员从事本系统相关工作所必须掌握的专业基础理论知识、系统的构成及相关连接、系统中各设备的工作原理、设备系统的启停操作及正常运行调整、节能经济运行方式、各种工况下巡回检查的内容及标准、设备检修维护时安全隔离要求及措施、作业危险因素的分析及防止、系统常见故障的分析处理等内容。

本书适用于从事大型燃气-蒸汽联合循环电厂设计、安装、调试、运行、维护的技术人员和管理人员使用，也可供高等院校热能及动力类专业师生参考。

图书在版编目（CIP）数据

余热锅炉设备与运行/单志栩主编. —北京：中国电力出版社，2015.7（2022.12 重印）

（燃气-蒸汽联合循环发电机组运行技术问答）

ISBN 978-7-5123-7668-7

Ⅰ.①余… Ⅱ.①单… Ⅲ.①燃气-蒸汽联合循环发电-废热锅炉-问题解答 Ⅳ.①TM611.31-44

中国版本图书馆 CIP 数据核字（2015）第 091629 号

中国电力出版社出版、发行

（北京市东城区北京站西街 19 号 100005 http://www.cepp.sgcc.com.cn）

三河市百盛印装有限公司印刷

各地新华书店经售

*

2015 年 7 月第一版 2022 年 12 月北京第四次印刷

850 毫米×1168 毫米 32 开本 10.125 印张 246 千字

印数 4501—5500 册 定价 **35.00** 元

前　言

当前我国对能源需求迅猛增长，天然气资源进入大规模开发利用阶段，大容量、高参数的燃气-蒸汽联合循环发电机组的装机容量逐年上升。燃气-蒸汽联合循环是把燃气轮机循环和蒸汽轮机循环组合在一起进行能量梯级利用，从而将热功转换效率提高至接近60%。这种技术燃烧清洁能源，降低污染物排放，符合我国节约能源、保护环境的战略，是集新技术、新材料、新工艺于一身的国家高技术水平和科技实力的重要标志之一。

预计到2020年，我国燃气-蒸汽联合循环装机容量将达到5500万kW，是1951～2000年已建成的同类机组装机容量的25倍。为满足广大生产管理人员和专业技术人员应对新知识、新技术带来的需要，国网技术学院组织并与有关企业合作编写了《燃气-蒸汽联合循环发电机组运行技术问答》丛书，包括《燃气轮机和蒸汽轮机设备与运行》《余热锅炉设备与运行》《电气设备与运行》和《热工仪表及控制》四分册。

本丛书适应时代发展需要，减少了基础理论知识所占比重，突出了大型燃气-蒸汽联合循环的运行技术，以实用和提高技能为核心，针对余热锅炉、燃气轮机及压气机、汽轮机、电气以及仪表和控制系统的设备原理、结构、运行技巧等方面，展开岗位应知应会知识问答填补了关于大型燃气-蒸汽联合循环发电机组运行技术培训教材的市场空白。

本书为《余热锅炉设备与运行》分册，由青海京能建设投资有限公司单志栩，深圳钰湖电力有限公司吴华，山东电力建设第一工程公司史国梁、孙华强、张乃强、李芳，华能曲阜电厂田韵法合作完成。其中单志栩为主编，吴华、史国梁、孙华强、张乃强为副主编，李芳参加编写。

本丛书由国网技术学院张磊担任丛书主编并统稿。

在本丛书编写过程中，受到北京能源集团有限责任公司、山东华能集团公司、山东电力建设第一工程公司、山东钢铁厂、山东电力集团总公司等企业大力支持，借此深表感谢。

由于编写人员水平所限，疏漏和不足之处敬请广大读者批评指正。

编　者

2015 年 6 月

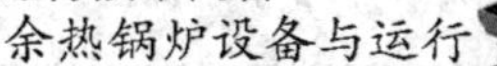

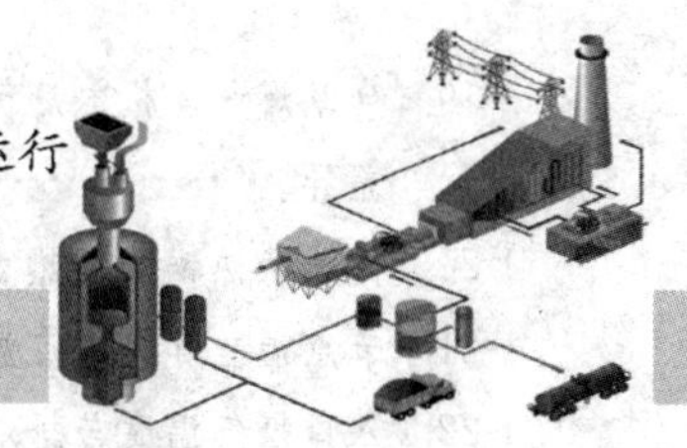

目　录 »

第二部分 设备、结构及工作原理

第七章 余热锅炉烟气系统

第四部分　故障分析与处理

第一部分 岗位基础知识

第一章

余热锅炉专业基础知识

1-1　余热锅炉的定义是什么？

答：余热锅炉在国外被称为热回收蒸汽发生器（Heat Recovery Steam Generators，HRSG），是利用废气、废液等各种工艺介质中的物理热或可燃质作为热源的锅炉，在我国习惯叫余热锅炉。

1-2　联合循环机组中余热锅炉系统的作用是什么？

答：余热锅炉回收燃气轮机做完功后的排气，利用余热产生蒸汽来推动汽轮机发电，这样可以充分提高燃气-蒸汽联合循环机组的效率，节约能源。

1-3　联合循环机组中余热锅炉型燃气-蒸汽联合循环方案的设计基础是什么？

答：简单循环燃气轮机的排气温度是相当高的（一般在450～600℃之间），且燃气工质的流量又非常大（对于功率较大的机组，燃气流量往往在300kg/s以上），因而，这股排气蕴储着大量的能量。倘若在燃气轮机的后面安装一台余热锅炉，利用燃气透平高温排气中的余热来加热蒸汽轮机系统的凝结水，使其产生高温、高压的水蒸气，再送到蒸汽轮机中做功，这样就能多增加一部分机械功，不仅能增大机组的功率，而且能提高燃料的化学能与机械能之间的转化效率。这就是余热锅炉型燃气-蒸汽联合循环方案的设计基础。

1-4　余热锅炉按烟气侧热源分类有哪些?

答: 按余热锅炉烟气侧热源分类的形式如下。

(1) 无补燃的余热锅炉。这种余热锅炉单纯回收燃气轮机排气的热量,产生一定压力和温度的蒸汽。

(2) 有补燃的余热锅炉。由于燃气轮机排气中含有14%~17%的氧,可在余热锅炉的恰当位置安装补燃燃烧器,补充天然气和燃油等燃料进行燃烧,提高烟气温度;还可保持蒸汽参数和负荷稳定,以相应提高蒸汽参数和产量,改善联合循环的变工况特性。如果全部利用这部分氧气,蒸汽循环所占的发电份额将上升为联合循环总功率的70%左右。

一般来说,采用无补燃的余热锅炉的联合循环效率相对较高。目前,大型联合循环都采用无补燃的余热锅炉。

1-5　余热锅炉按产生蒸汽压力等级分类的形式有哪些?

答: 目前,余热锅炉采用单压、双压、双压再热、三压、三压再热五大类汽水系统,按产生蒸汽的压力等级分为以下两类:

(1) 单压级余热锅炉。余热锅炉只生产一种压力的蒸汽供给汽轮机。

(2) 双压或多压级余热锅炉。余热锅炉能生产两种不同压力或多种不同压力的蒸汽供给汽轮机。

1-6　余热锅炉按受热面布置方式分为几类?

答: 余热锅炉按受热面布置方式分类如下。

(1) 卧式布置余热锅炉。图1-1所示的余热锅炉是卧式布置,各级受热面部件的管子是垂直的,烟气横向流过各级受热面。卧式余热锅炉外观如图1-2所示。

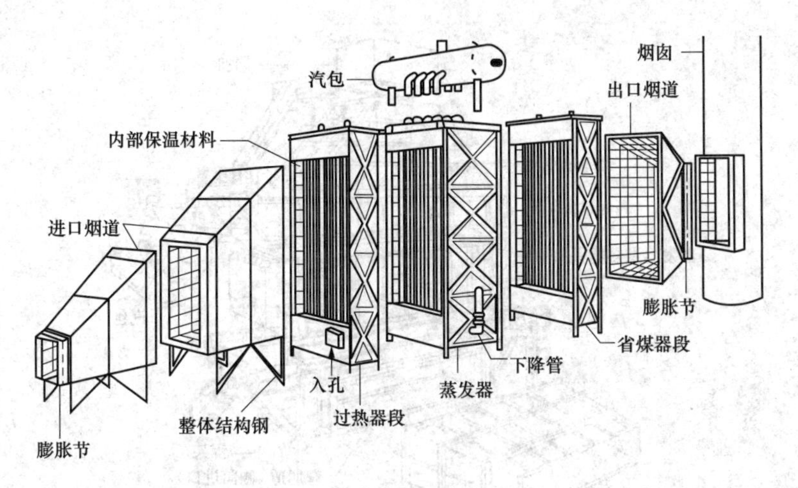

图 1-1 卧式布置余热锅炉

图 1-2 卧式余热锅炉外观

（2）立式布置余热锅炉。图 1-3 所示的余热锅炉是立式布置，各级受热面部件的管子是水平的，各级受热面部件沿高度方向布置，烟气自下而上流过各级受热面。立式余热锅炉外观如图 1-4 所示。

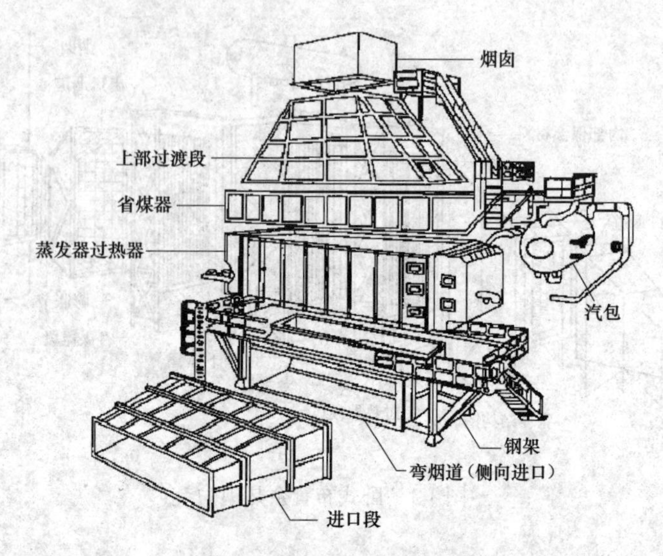

图 1-3　立式布置余热锅炉

图 1-4　立式余热锅炉外观

1-7　余热锅炉按工质在蒸发受热面中的流动特点（工作原理）分为几类？

答：余热锅炉按工质在蒸发受热面中的流动特点（工作原

理）分类如下。

（1）自然循环余热锅炉。指利用下降管和上升管中工质的密度差实现工质循环的余热锅炉，如图 1-5 所示。

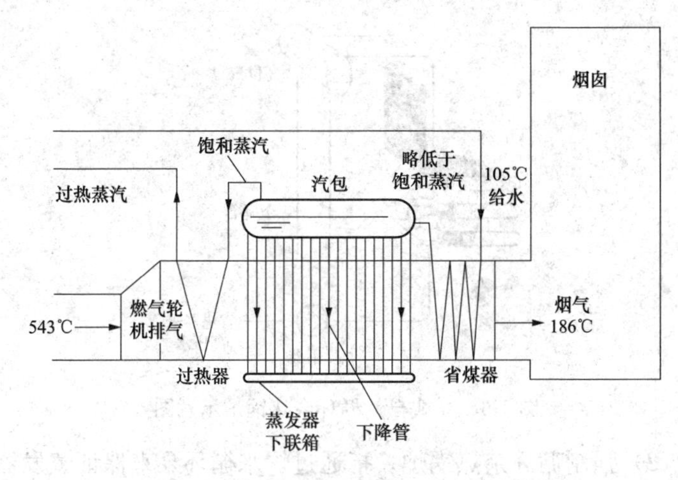

图 1-5　卧式自然循环余热锅炉示意图

在卧式布置的自然循环余热锅炉中，全部受热组件面的管簇是垂直布置的，汽包下部装有下降管，下降管与蒸发器的下联箱相连。有些余热锅炉的下降管设在烟道的外面，不吸收烟气的热量。烟道内的直立管簇吸收烟气的热量，使管簇内的水部分变成蒸汽。由于直立管簇内汽水混合物的平均密度要比下降管中水的密度小，所以可以利用密度差形成水循环，即下降管内的水因比较重而向下流动，直立管簇内的汽水混合物因比较轻而向上流动，这样就能形成连续的产汽过程。在这种情况下，进入蒸发器的水不需要依靠循环水泵的动力，而是依靠流体工质的重度差而流动，这就是自然循环余热锅炉的特点。因此，可以省去循环水泵，使运行维护简化，还可以节约厂用电。

图 1-6 所示为立式布置的自然循环余热锅炉中汽水循环的形成过程。它与强制循环的区别在于：用一个带高压喷射器的启动泵来取代强制循环中的循环水泵。在连续运行时，它依靠省煤器

中的高压水，通过高压喷射器形成射流，把与高位汽包相连的下降管中的水抽吸进喷射器，然后通过水平布置的上升管返回到高位汽包中，形成稳定的循环流动。

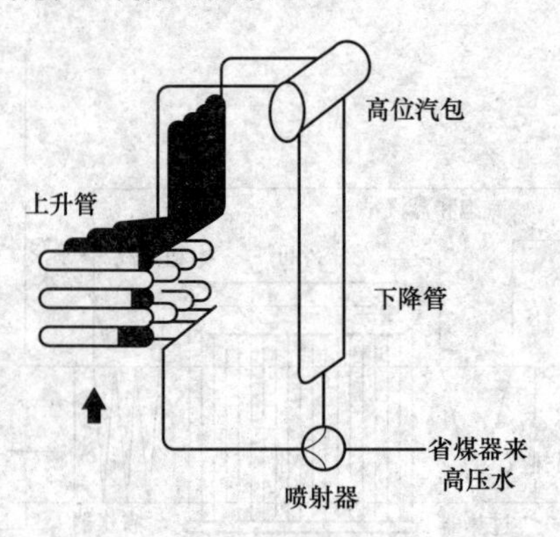

图 1-6　立式自然循环余热锅炉示意图

(2) 强制循环余热锅炉。指通过炉水循环泵来保证蒸发器内水循环流量的余热锅炉，如图 1-7 所示。

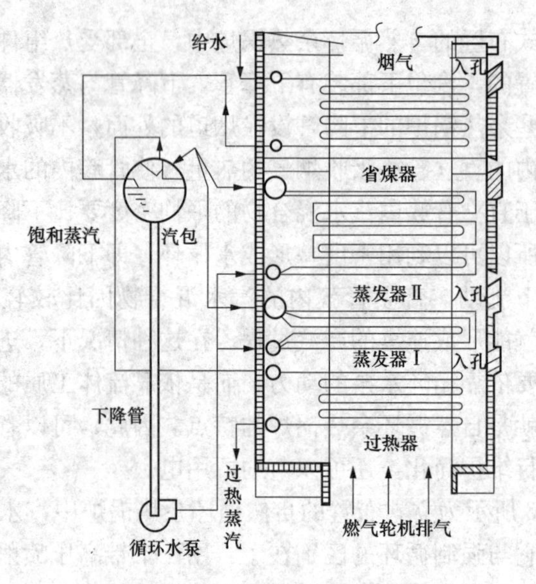

图 1-7　强制循环余热锅炉示意图

在这种余热锅炉中，从汽包下部引出的水经循环水泵加压后，分两路进入蒸发器。水在蒸发器内吸收燃气轮机排气的热量，一部分水变成蒸汽；此后在蒸发器内的汽水混合物经导管流回汽包。这种依靠循环水泵产生动力使水作循环流动的锅炉称为强制循环余热锅炉。通常，这种锅炉中各受热面组件的管簇是水平布置的，受热面则沿着高度方向敷设，这样有利于利用厂房的空间，使烟囱高度缩短，节省占地面积。

自然循环余热锅炉一般是卧式布置，强制循环一般是立式布置，当然也有例外，例如，无锡华光 UG-V94.3-R 型余热锅炉就是立式自然循环余热锅炉，该余热锅炉兼有立式和自然循环的优、缺点。

1-8　余热锅炉按所处的自然环境条件分为几类?

答: 余热锅炉按所处的自然环境条件分类如下。

（1）露天布置。余热锅炉布置在室外，设计时要考虑风、雨、冰冻等自然条件对余热锅炉的影响，我国现有的联合循环电厂大多采用露天布置方式，建厂投资比较经济。

（2）室内布置。对于自然环境恶劣的地区而言，余热锅炉宜布置在室内，这样能改善运行的安全性和可靠性，并便于维护，但建厂投资较大。

1-9　简述卧式自然循环余热锅炉的优点。

答: 卧式自然循环余热锅炉具有如下优点。

（1）锅炉重心低，稳定性好，抗风、抗震性强。

（2）垂直管束结垢情况比水平管束均匀，不易造成塑性形变和故障，同时也减缓了结垢量大而使锅炉性能下降的问题。

（3）锅炉水容量大，有较大的蓄热能力，适应负荷变化能力强，热流量不易超过临界值，对燃气轮机排气热力波动的适应性和自平衡能力都强。

（4）自动控制要求相对不高。

1-10　简述卧式自然循环余热锅炉的缺点。

答：卧式自然循环余热锅炉具有如下缺点。

（1）蒸发受热面为立式水管，常布置于卧式烟道，因此占地面积大。

（2）锅炉水容量大，启停及变负荷速度慢。

（3）自然循环余热锅炉有时不能采用直通烟道，而需要加一些挡板，因此会增加燃气的流动阻力，对燃气轮机的工作不利。

1-11　简述立式强制循环余热锅炉的优点。

答：立式强制循环余热锅炉具有如下优点。

（1）采用小管径，质量轻、尺寸小、结构紧凑。

（2）常布置于立式烟道，烟囱与锅炉合二为一，省空间，占地面积小。

（3）蒸发受热面中循环倍率 A 为 3～5，工质靠强制循环进行流动，可以采用较小的汽包直径及上升和下降管管径。

（4）因为在启动或低负荷时可用强制循环的工质来使各承压部件得到均匀加热，锅炉水容量小，升温、升压速率高，启动快，机动性好，负荷调节范围大，适应调峰运行。冷态启动的时间比自然循环余热锅炉略短些。

（5）燃气的阻力容易控制。

（6）利用炉水循环泵能快速和彻底地进行水冷壁酸洗，周期短、费用低。

（7）结构上便于采用标准化元件和大型模块组件，制造成本和安装费用都较低。

1-12　简述立式强制循环余热锅炉的缺点。

答：立式强制循环余热锅炉其有如下缺点。

（1）必须装设高温炉水循环泵，增加电耗，提高运行费用，且可靠性（97.5%）差，而自然循环可靠性为99.95%。

（2）锅炉重心较高，稳定性较差，不利抗风、抗震。

（3）强制立式循环余热锅炉必须支撑较重的设备，基础很重，需要耗费更多的结构支撑钢。为了便于维护和修理，需要多层平台（自然循环卧式余热锅炉一般只需要一层平台），阀门和辅件必需布置在不同的标高上，致使操作和维护都很困难。

（4）由于在立式余热锅炉中，管簇不像自然循环那样垂直布置，受热面改为水平布置，因而容易发生汽水分层现象，而且沉结在水平管子底部的结垢要少，这种沿管子周围结垢的差异会造成温度梯度、不同程度的传热和膨胀，其结果将使立式余热锅炉发生腐蚀、烧坏、塑性变形等事故。为了避免出现这种现象，就需要采用大循环倍率的循环泵，流体的最小临界流速为2.1～3.0m/s。

（5）采用小弯头，制造工艺复杂。

采用强制循环虽能加速管簇内的水流速度，对改善水侧的换热系数是有利的，但是锅炉受热面的传热能力主要取决于烟气侧对管壁的表面传热系数，因而在烟气流动情况相似的情况下，相对于同样的换热负荷，强制循环与自然循环余热锅炉的换热面积是很接近的。

1-13　简述余热锅炉的组成。

答：余热锅炉主要由进口烟道、锅炉本体（受热面模块和钢架护板）、出口烟道及烟囱、汽包、除氧器、管道、平台扶梯等部件以及给水泵、再循环泵、炉水循环泵、排污扩容器、水位计、安全阀等辅机组成。

1-14　试绘制余热锅炉汽水流程图。

答：余热锅炉汽水流程图如图1-8所示。

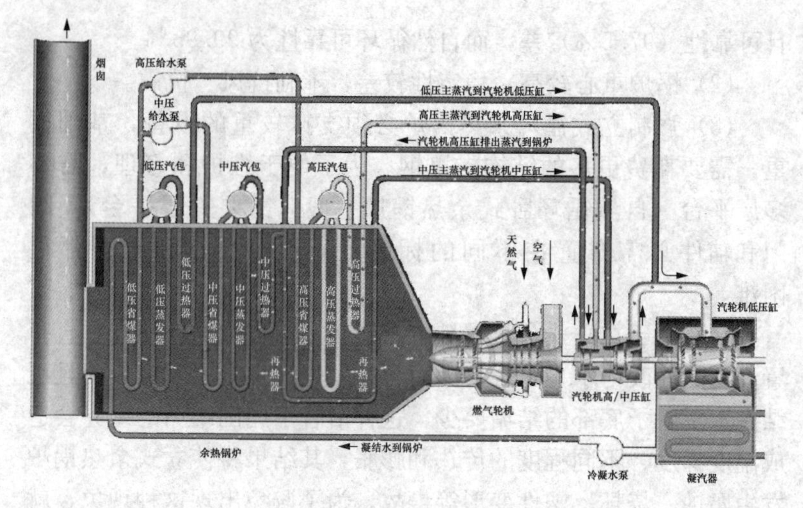

图 1-8　余热锅炉汽水流程图

1-15　简述联合循环机组中余热锅炉的特点。

答：（1）余热锅炉采用温度适中、燃气流量很大的燃气轮机排气作为生产蒸汽的热源，因此一般不需要燃烧系统，也不用风机（通风来自于燃气轮机的排气）。

（2）余热锅炉内主要是对流热交换而不是辐射热交换。为了避免余热锅炉中的受热面积过大，余热锅炉采用鳍片管（翅片管）提高传热效率。

（3）余热锅炉可在多压状态下产生蒸汽，提高了热回收效率。余热锅炉中的汽水系统一般应设计为多压力级或多压力级再热式的循环方式，以便有效地降低离开余热锅炉时的燃气轮机排气温度，使燃气轮机排气的余热得以充分利用，它不像常规蒸汽锅炉中的汽水系统那样采用一个压力级或一个压力级再热式的循环系统。

（4）余热锅炉具备系统惯性小、膨胀补偿能力强、能够承受热冲击的能力，以适应燃气轮机启停迅速、调峰频繁的特点。

（5）余热锅炉在部分负荷时采用滑压运行。这样能适应燃气轮机的排气温度随负荷的减小而降低的变化特点，以免蒸汽在高压、低温的条件下在蒸汽轮机中膨胀时湿度超标，以致影响蒸汽透平的内效率，并使叶片因水击而被侵蚀。

（6）在联合循环的汽水循环系统中，一般都不从蒸汽轮机中抽取蒸汽来使给水预热和除氧，因此低压省煤器入口的给水温度较常规电厂的温度低。对于常规电厂汽轮机蒸汽循环来说，采用抽汽回热循环加热锅炉给水，可有效地提高蒸汽循环效率。但对联合循环来说，这样做并不都能提高联合循环热效率，有的反而使联合循环热效率下降。这是因为，余热锅炉型联合循环当采用抽汽回热循环时，锅炉给水温度大大提高，使余热锅炉的排烟温度明显提高，锅炉中回收的热量减少，结果使联合循环热效率降低。

（7）结构设计模块化，模块组件能集成出厂，简化和便于现场安装。

1-16 简述余热锅炉汽包的构成。

答：汽包上开设有供酸洗、热工测量、水位计、给水、加药、连续排污、紧急放水、安全阀、空气阀等的管座及人孔装置等。汽包设有两只弹簧安全阀、两只水位计。采用石英管式双色水位计，安全可靠，便于观察，指示正确。汽包进水管孔以及其他可能出现较大温差的管孔采用套管式管座，防止管孔附近因热疲劳而产生裂纹。汽包内部装置设置有供汽水分离的分离装置，以及锅炉给水、加药等连接管。汽包配置有两个支座，一个为固定支座，一个为活动支座。

1-17 简述余热锅炉活动烟罩的构成。

答：活动烟罩管组由上联箱、下联箱、管组组成，上、下联箱间用 180 根 $\phi 45\times 5$ 无缝钢管连接，管间用扁钢焊接，组成下部烟罩。

由于工艺的原因，活动烟罩经常需要上、下移动，活动烟罩和炉口段间就存在间隙，为防止高温烟气向外泄露，在活动烟罩上部制作水封槽，采用水封的形式进行密封；为防熔渣溅入密封槽，在密封槽端部设置挡渣板；为便于清理水箱中的杂物，在水封槽上还开设有清理手孔。

1-18　简述余热锅炉烟道的构成。

答：余热锅炉烟道由分配联箱、下联箱、管组、上联箱组成。锅炉给水从汽包引出进入分配联箱，为了使联箱各部位温度不出现偏差，分配联箱与下联箱进水采用分散下降管引入，水进入下联箱后分散进入 132 根 $\phi42\times4$ 无缝钢管和由 6mm 厚扁钢组成的节圆为 $\phi2400$ 圆形烟道受热面，产生汽水混合物，进入上联箱，由上升管引入汽包。

为使联箱避开火焰区，管束低部为 U 形弯管，炉口段烟道与水平夹角为 55°。为了防止烟道发生变形，在烟道上适当位置设置有加固环。联箱、管子材质均为 20 钢。

1-19　列举燃气轮机电厂简单循环与联合循环机组功率与效率的差异。

答：燃气轮机电厂简单循环与联合循环机组功率与效率的差异见表 1-1。

表 1-1　燃气轮机电厂简单循环与联合循环机组功率与效率的差异

型号	进气温度（℃）	排气温度（℃）	简单循环功率（MW）	简单循环效率（%）	联合循环功率（MW）	联合循环效率（%）
GE-5PA	953	487	26.3	28.47	40.2	44.2
GE-6B	1104	539	38.34	31.66	59.8	48.7
GE-9E	1124	538	123.4	33.7	198.2	52
GE-9FA	1327	609	267	37	390.8	56.7
V94.2	1105	540	159	34.2	238	52.1
V94.3A	1290	567	258	38.38	354	57.2
GT13E2		524	185.1	35.73	242.6	53.5
GT26	1235	640	241	38.2	378	57
M-701F	1349	586	270	36.77	397.7	57

通过对表1-1数据进行对比可知，简单循环燃气轮机加装余热锅炉和蒸汽轮机而组合成为余热锅炉型的联合循环机组后，机组的总发电容量和热效率都有大幅度提高。一般来说，在不增加燃料耗量的前提下，机组的发电容量和热效率可相对增高50%左右。

1-20　简述余热锅炉的热力学特性。

答：余热锅炉是联合循环系统中承上启下的重要的热力设备。一方面，余热锅炉的热力特性要受上游燃气轮机特性的影响，主要是燃气轮机的排气温度、排气成分和排气流量的限制，同时排气经过余热锅炉要克服烟气流通阻力，使燃气轮机的排气压力升高，在一定程度上要降低燃气轮机的出力，使燃气轮机的效率下降。另一方面，余热锅炉产生的蒸汽用于汽轮机做功，循环做功量的多少主要取决于余热锅炉所能产生的蒸汽流量、蒸汽参数以及汽轮机的相对内效率等因素。

1-21　节点温差和接近点温差对余热锅炉特性的影响有哪些?

答：节点温差和接近点温差是影响余热锅炉热力特性的两个重要因素。就节点温差和接近点温差（欠温）来说，温差小则蒸发量增加，余热锅炉的效率也随之上升，而所需受热面积也就更大；对设计好的余热锅炉来说燃气轮机的负荷降低，节点温差和接近点温差也会变小，但易造成省煤器的汽化。因此要综合考虑，选择合适的值，一般的经验是设计中节点温差常取5～25℃，接近点温差取5～20℃。

1-22　入口烟气温度与排烟温度对余热锅炉特性的影响有哪些?

答：在一定的蒸汽参数等条件下，余热锅炉的入口温度越高，余热锅炉中单位烟气质量的蒸汽产量越多，而此时的排烟温度也越低。反之，入口烟气温度越低，排烟温度则越高。

余热锅炉出口的排烟温度越低，其效率就越高，但要扩大受热面积和增设备费用。同时，烟气中含有硫分时会产生硫腐蚀，应限制余热锅炉出口的烟气温度。当向锅炉提供的是不含硫的天然气产生的烟气时，余热锅炉出口烟气温度可设计到100℃以下；如果使用含硫分的气体或油燃料，则根据烟气中SO_x浓度不同，出口烟气温度为130～150℃。此外，排烟温度也不是独立的参数变量，当汽水系统的一些参数，如饱和蒸汽压力和节点温差已定时，它就被确定了。

1-23 影响余热锅炉特性的烟气成分是什么？

答： 燃气轮机排气由燃气轮机内燃料与空气接近完全燃烧后的烟气和大量的燃烧冷却空气混合而成。烟气成分根据燃料成分不同而不同，燃气轮机中蒸汽及水的喷射量不同也会影响烟气的成分，相同温度时，不同成分的烟气焓值不一，特别是烟气中水的成分差别较大。当烟气中含有SO_x时，与水结合成酸，在温度较低时，会使传热管产生低温腐蚀。因此，要求传热管外表面温度必须保持在酸露点和水露点以上，排烟温度不能过低。

1-24 影响余热锅炉特性的烟气压力损失有哪些？

答： 为提高对流传热系数，减少传热面积，就要提高烟气流速，这就会使其烟气压力损失增大，燃气轮机背压升高，导致其输出功率和效率减小，联合发电设备整体效率也降低。当采用减少节点温差和多压系统时，由于余热锅炉传热面积增加，也将导致烟气侧流动阻力增大，燃气轮机的功率减小。一般来说，燃气轮机的背压每提高1%，机组的功率会下降0.5%左右。所以，烟气压力损失要根据系统整体的经济性加以确定。

1-25 影响余热锅炉特性的蒸汽参数有哪些？

答： 在其他条件相同时，提高蒸汽压力，产生的蒸汽量将减少，余热锅炉所吸收的热量也将减少，从而导致余热锅炉的效率降低。但是，对蒸汽轮机而言，提高蒸汽参数，会使单位蒸汽的做功增加。因此，存在蒸气压力的合适选取问题。考虑联合发电效率时，虽然存在使热效率达到最高的合适压力值，但因各种工程条件和综合热经济方面的因素而会有不同的考虑。

1-26　大型燃气-蒸汽联合循环余热锅炉为什么要采用多压设计？

答：（1）当组成余热锅炉型联合循环的燃气轮机已经选定后，随着余热锅炉由单压蒸汽系统向双压蒸汽系统和三压蒸汽系统的发展，联合循环的发电效率将不断地增高（当联合循环由单压无再热的蒸汽循环系统改为三压有再热的蒸汽循环系统时，机组的热效率增大了3%）。这是由于蒸汽系统中余热锅炉当量效率和蒸汽轮机净效率的乘积在不断地增大，特别是当余热锅炉的单压蒸汽系统改为双压无再热的蒸汽系统以及由双压再热式（或三压无再热式）蒸汽系统改为三压再热式蒸汽系统时，联合循环的发电效率增大幅度比较大；但由双压再热式蒸汽系统改为三压无再热的蒸汽系统时，联合循环的发电效率和机组出力都变化得很小，甚至并无增大的趋势。由双压无再热的蒸汽系统改为双压再热式蒸汽系统时，联合循环的发电效率增大幅度也不是很大。因而目前用得最多的余热锅炉形式是双压无再热的及三压有再热的蒸汽系统。

（2）当组成余热锅炉型联合循环的燃气轮机已经选定后，随着余热锅炉由单压向双压和三压蒸汽系统的发展，机组的总净功率会略有增大的趋势（当联合循环由单压无再热的蒸汽循环系统改为三压有再热的蒸汽循环系统时，机组的功率增大了6%），但是增大幅度并不会很大。这是由于在采用再热系统后，再热蒸汽系统的压力损失比较大的缘故。然而，当余热锅炉由单压改为双压系统时（无论是有再热还是无再热），机组的总净功率的增加幅度相对会略微大一些，其主要原因是由于余热锅炉的效率增量较大，致使蒸汽流量增幅较大的缘故。同时燃气轮机的净功率略有下降的趋势，而蒸汽轮机的净功率则有一定程度增大的趋势。

（3）当组成余热锅炉型联合循环的燃气轮机已经选定后，随着余热锅炉由单压向双压和三压蒸汽系统的发展，燃气轮机循环的净效率略有下降的趋势，这是由于流经余热锅炉的燃气阻力有所增大的缘故（一般来说，燃气轮机背压每增加 1kPa，其功率下降 0.6%～0.7%，热耗率会增大 0.6%～0.7%）；但由于蒸汽参数的提高，蒸汽轮机循环的有效效率却有较大幅度增大的趋势。特别是在采用再热循环时，循环的平均初温有所增高，而且蒸汽乏汽的湿度又明显减小，致使蒸汽轮机的内效率和循环有效效率能够同步增高。

（4）当组成余热锅炉型联合循环的燃气轮机已经选定后，随着余热锅炉由单压向双压和三压蒸汽系统的发展，余热锅炉的当量效率总体上是逐渐增高的，这是由于在采用双压和三压蒸汽系统后，余热锅炉的烟气温度会有相当幅度下降的趋势，特别是由单压系统改为双压系统时，余热锅炉的排气温度的降低程度更加明显。

（5）当组成余热锅炉型联合循环的燃气轮机已经选定时，余热锅炉主蒸汽和再热蒸汽的温度可以根据燃气透平的排气温度（即进入余热锅炉的烟气温度）来选择。一般比燃气轮机的排气温度低 30～60℃。

现在 9F 级燃气轮机排烟温度都在 580℃以上，由于采用三压再热可以提高联合循环的出力和效率，所以均配备三压再热的余热锅炉。

第二章

余热锅炉运行岗位安全知识

2-1 简述余热锅炉运行岗位的基本要求。

答：对余热锅炉运行岗位的基本要求如下。

（1）掌握燃气-蒸汽联合循环热电联产机组热力系统、公用系统布置形式、位置、走向及运行切换注意事项。

（2）掌握机组启动、停用时，缸体和转子热膨胀、热应力、热变形知识及技术措施。

（3）掌握机组运行参数的报警值、跳闸值，机组定压、滑压运行原理及方法，各种工况下机组的启动、停用操作。

（4）熟悉机组停用后的保养知识，机组寿命的管理知识；机组响应电网调度的工作原理，不同运行工况下动作过程及静态、动态曲线和试验操作方法；班组管理和生产技术管理的基本知识。

（5）了解燃气-蒸汽联合循环发电机组主要设备及辅机的构造、性能及工作原理。

（6）了解燃气-蒸汽联合循环热电联产机组设备各种自动控制、热工保护和测量仪表的作用、工作原理、定值参数及试验方法，计算机分散控制系统的组成、功能及工作原理。

（7）了解燃气-蒸汽联合循环热电联产机组热效率试验方法和计算方法。了解机组的机械保护装置。

（8）了解工程热力学、流体力学、理论力学、材料力学、计算机应用知识、自动控制理论、电工基础、电机学、继电保护、燃气轮机原理、汽轮机原理、锅炉原理等基础知识。

（9）了解机组保护、自动装置的原理；行业新技术、新设备、新材料和新工艺的应用知识。

2-2　简述余热锅炉启动前的检查及准备注意事项。

答：余热锅炉启动前的检查及准备注意事项如下。

（1）检查确认余热锅炉所有检修工作结束，工作票终结，现场清洁，临时安全设施已拆除。

（2）检查并确认炉膛内无人，各人孔、检查门均已关闭，烟气挡板开启灵活，挡板就地开关位置与DCS（分散集中控制系统）显示一致。

（3）机组整体启动前余热锅炉部分的逻辑保护传动及相关的静态试验已完成并符合要求。

（4）余热锅炉安全阀都已安装完毕，安全阀定值已校验并可供使用。各安全阀弹簧完整，压紧适当，排汽、疏水管完整、畅通、牢固。

（5）检查确认所有设备及管路系统经过清洗（酸洗）并已充净，冲洗水呈中性（若需要进行酸洗）。

（6）检查各处膨胀指示器正确、牢固，膨胀间隙充足，膨胀位移不受阻碍。

（7）检查各管道的吊架完整、牢固，确认所有汽、水管系已经探伤检查，确认无障碍存在。

（8）检查管道保温完整，高压、中压、低压汽包人孔门保温完好。所有人孔、烟道接口关闭严密。

（9）检查确认余热锅炉电源已正常投入，电压正常。

（10）检查余热锅炉系统内的所有电动门、调节门电源投入正常并按逻辑传动单传动完毕，具备投运条件。

（11）检查DCS系统正常，各现场指示表计、记录仪表、变送器投入完好。

（12）检查确认余热锅炉各辅机电动机绝缘完好，电源正常投入。

（13）检查确认现场阀门已按阀门操作卡操作至启动前状态。

(14) 检查确认余热锅炉侧仪用空气压力（0.65～0.80MPa）正常。

(15) 检查确认余热锅炉侧闭式冷却水压力（0.3～0.4MPa)、温度正常。

(16) 检查余热锅炉汽水取样装置具备投运条件，各取样阀门处于启动前状态。

(17) 通知化学检查余热锅炉加药系统可正常投运。各阀门、加药泵、搅拌电动机等处于启动前状态，各加药罐液位正常、药液浓度合适。

(18) 检查给水（凝结水）水质应符合余热锅炉汽水品质标准。

(19) 检查余热锅炉疏水及排污系统可正常投运，各阀门处于启动前规定状态。

(20) 检查余热锅炉高、中、低压汽包水位计汽、水侧阀门位置正确，水位计良好、可用，汽包水位电视完好，就地远方所有水位计指示正确。

(21) 检查余热锅炉安全阀安装完好，旁路系统备用良好。

(22) 检查高压给水泵辅助油泵投运正常，润滑油压及各轴承回油正常，中压给水泵、省煤器再循环泵轴承油位、油质正常，冷却水系统正常投入，绝缘合格，具备启动条件。

(23) 检查定期连续排污扩容器具备投运条件，定排扩容器减温水正常投入。

(24) 检查中压给水至燃气轮机性能加热器手动一、二次门打开，调节门处关闭状态。

(25) 手动开启高压、中压、低压过热器放汽阀。

(26) 将高压过热器、中压过热器、低压过热器、再热器疏水阀置于手动状态，并处打开位置。

(27) 检查余热锅炉高压汽包水位正常，水位为－100±50mm，汽包上、下壁温差不超过40℃。

(28) 检查余热锅炉中压汽包水位正常，水位为－100±

50mm，汽包上、下壁温差不超过40℃。

（29）检查余热锅炉低压汽包水位正常，水位为－100±50mm，汽包上、下壁温差不超过40℃。

（30）打开余热锅炉烟囱挡板，检查有一台中压给水泵运行、一台高压给水泵运行，将余热锅炉高、中、低压紧急放水门投自动。

2-3 简述进行余热锅炉电动门、气动门及调整门校验时的注意事项。

答：进行余热锅炉电动门、气动门及调整门校验时的注意事项如下。

（1）阀门电动机检修后以及阀门解体后，均需对阀门进行校验。阀门校验应在有关系统投运前进行，已投入运行的阀门、承受压力的阀门以及停役系统所属的隔绝阀门不可进行校验工作，如要进行，必须确定对运行系统无影响。

（2）电动门、气动门、调整门校验前，应确定电动门、气动门电源和控制气源已正常。

（3）近、遥控校验阀门有近控的应先校验近控阀门，近控阀门校验合格后再校验遥控阀门。近、遥控校验应有专人就地检查阀门切换把手所在位置（手动或电动）正确、阀门动作正确以及CRT画面上反映正确。

（4）检修后的阀门校验前应手动操作几圈，检查机械部分转动灵活，检查并确证阀门开度不在“开”或“关”的极限外位置；还应检查各阀门开关方向正确。

（5）就地式调节器应会同热工专业技术人员检查设定值，手动/自动切换正常，定值正确。未解体检修过的阀门可只校验进行近、遥控操作时高、低限动作正确及测量全行程时间，不测手动操作关紧圈数。

（6）检查电动机无摩擦和异常声音，各连杆和销子牢固、可靠，无松脱及弯曲现象。阀门校验结束，阀门状态应放置所需位置。有连锁的阀门，还应将连锁开关放置“入系”位置。

2-4　简述向给水系统充水的方法。

答：一般情况下，应先启动补给水泵（也可启动除盐水泵），将凝汽器加水至正常液位。当凝汽器液位正常后，启动凝结给水泵向给水箱上水，该过程中补水阀与给水箱高液位放水阀置于“自动”状态即可。

2-5　简述向锅炉汽包充水的方法。

答：手动启动给水泵，用手动方式打开给水截止阀，调节给水调节阀，向汽包上水，上水时应注意给水流量，上水速度不宜过大，锅炉汽包充水结束后，应先关给水调节阀，再关给水截止阀。

2-6　交接班制度包括哪些内容？

答：运行人员按批准的运行值班轮流表的规定进行值班，交接班制度内容包括：

（1）交接程序。

（2）交接班的主要项目。

（3）值班长召开班前会。

（4）交班后召开生产总结会。

2-7　交接班中的“三不接”内容是什么？

答：交接班中的“三不接”内容如下。

（1）主要设备及重大操作未告一段落不接班。

（2）事故或异常处理未结束不接班。

（3）交接班记录不清楚不接班。

2-8　什么是巡回检查制度？

答：巡回检查制度是保证设备安全运行的重要措施之一。运行人员在值班时间必须按规定对自己管辖的设备进行巡回检查工作。检查工作要认真、细致，不漏项，不允许延长检查的时间间隔，更不允许因故不进行巡回检查。

2-9　为什么各岗位要定期巡视设备？

答：设备在运行过程中，随时都有可能发生异常变化，只有定期认真地进行巡视才能及时发现异常，防止扩大和发生事故。运行人员必须按时间、路线、项目认真地进行巡视检查。在运行方式变更、气候条件变化、负荷升降、事故操作后或设备发生异常变化时（如有特殊的声响、气味、烟雾、光亮等），更应该增加巡视检查次数。只有加强巡回检查责任制，才能及时发现设备隐患，保证安全生产。

2-10　什么是设备定期试验、维护、切换制度？

答：为了确保设备处于完好状态，运行人员必须遵守厂部制定“定期试验图表”所规定的时间对运行设备的安全保护装置、警报、信号以及处于备用状态下的转动设备进行试验、试运转或切换工作。

2-11　为什么要定期切换备用设备？

答：定期切换备用设备是使设备经常处于良好状态下运行或备用必不可少的重要条件之一。运转设备若停运时间过长，会发生电动机受潮、绝缘不良、润滑油变质、机械卡涩、阀门锈死等现象，而定期切换备用设备正是为了避免以上情况的发生，对备用设备存在的问题及时进行消除、维护和保养，保证设备的运转性能。

2-12　锅炉本体主要由哪几部分组成？

答：锅炉本体主要由低压蒸发器、高压省煤器、高压蒸发器、高压过热器汽包组成。

2-13　给水系统主要由哪几部分组成？

答：给水系统主要由给水箱及除氧器、供汽系统、给水泵装置组成。

2-14　烟道膨胀节的作用有哪些？

答：烟道受热后会膨胀，对烟道的支架产生热应力，通过膨胀节吸收烟道的伸长量，减小热应力。

2-15　高压循环泵的作用有哪些？

答：高压循环泵的作用如下。

（1）正常运行时，将汽包下降管来的水经循环泵升压后送到蒸发器。

（2）在启动或暂时停炉时，通过再循环管路，把水送到省煤器，形成汽包→下降管→循环泵→再循环管→省煤器→汽包的循环回路。

2-16　简述汽包水位高、低的危害性。

答：汽包水位高时，减小蒸汽空间，使蒸汽在汽包汽空间的流速增加，携带水滴也增加；同时使蒸汽在汽室间停留的时间短，水滴来不及从蒸汽中分离，使汽水分离条件恶化，影响蒸汽品质。

汽包水位低时，使循环泵入口水柱下降，入口压力低，泵的入口易汽化而汽蚀。泵的扬程不变时，入口压力低将导致出口压力低、蒸发器流量小，对蒸发器不利。

2-17　简述汽蚀的原理及防止措施。

答：泵的入口是低压区，经泵的叶轮做功，使水的压力升高，当低压区有汽或气存在，汽随水进入叶轮流道，在流道中压力升高，汽被压缩，会迅速凝结，原来所占空间压力突然降低，四周的水向此低压区高速移动，在极短时间内水流发生撞击，使局部压力瞬间升高，高达几百兆帕，使泵的轮叶材料受到侵蚀。由于产生的压力波还伴有噪声、撞击和振动等现象，故不允许。

防止汽蚀的措施：由于循环泵入口的水是从汽包来的饱和水，只要入口区的压力低于汽包压力，此饱和水就发生汽化，使入口处存在蒸汽而易发生汽蚀，所以采用高且直径较大的下降管，以减小流动阻力损失，同时保证汽包液位不低于设计值，使泵的入口处压力大于汽包压力。

2-18 锅炉从备用到供汽的过程中，除蒸汽流量和给水流量外，有哪几个因素会干扰汽包水位?

答：锅炉从备用到供汽的过程中，除蒸汽流量和给水流量外，干扰汽包水位的因素如下。

（1）炉水温度上升，使水的体积略有膨胀，水位略升。

（2）蒸发器内产汽，使部分水被挤回汽包，水位上升。

（3）在高压循环泵启动过程中，由于汽包的特殊结构，使水位下降严重。

2-19 简述两种不同的启炉方式及注意事项。

答：（1）先设定锅炉，再启动，此时燃气轮机在启动前锅炉烟气控制挡板100%全开，燃气轮机按一定的速率升负荷，升速较慢。

（2）先启动燃气轮机再设定锅炉，此时锅炉烟气控制挡板的开度由汽包压力控制，分步将锅炉烟气控制挡板开至100%。该方式下，锅炉烟气控制挡板实际上参与了压力控制，汽包压力上升较第一种方式慢，一般情况下，汽轮机高压旁路控制阀不参与压力控制，直到压力达到最大设定值。

而第一种情况下，汽包的压力与燃气轮机负荷不存在一一对应性，由于汽包压力控制系统较早地参与了调节，加上汽轮机高压旁路阀打开较早，所以要求凝汽器真空系统早些建立真空度。

2-20　停炉后为什么保持高、低压循环泵继续运行？

答：停炉后，锅炉逐渐冷却，为了保证蒸发器各管圈能均匀冷却、避免热应力的产生，需保持高、低压循环泵继续运行。

2-21　结合除氧水箱的结构，简述热力除氧过程。

答：除氧水箱由除氧头、低压分离器、给水箱组成。

由低压蒸发器来的汽水混合物进入低压分离器，水向下流入给水箱，低压蒸汽从分离器上部出，再进入除氧头的下部；由凝结水泵来的水从除氧头上部进入，与下部的低压蒸汽对流，水由39℃上升到125℃，形成饱和水，从而使溶于水中的氧逸出，从除氧头上部排出。

2-22　给水箱调节包括哪两种？各具有哪些作用？

答：给水箱调节包括水位调节和压力调节。

水位调节的作用是保证给水泵入口高度，防止泵入口压力低而发生汽化。

压力调节的作用是使除氧器内始终处于饱和状态，为热除氧创造条件。

2-23　常用的汽包水位计有哪几种？反事故措施中水位保护是如何规定的？

答：常用的汽包水位计有电接点水位计、差压式水位计、云母水位计、翻板式水位计、双色水位计。

水位保护不得随意退出，应建立完善的汽包水位保护投停及审批制度，采用上水和防水的方式进行汽包水位保护的模拟试验，三路水位信号应相互完全独立，汽包水位保护应采用三取二逻辑。

2-24　锅炉化学监督的作用是什么？

答：锅炉化学监督的作用是防止汽水系统和受压元件的腐蚀、结垢和积盐，保证锅炉安全经济运行。

2-25　锅炉加药系统中的药品主要有哪几种？分别向何处加药？每种药品所起的作用是什么？

答：药品主要是氨水、联胺和磷酸盐。

氨水的作用是调节炉水的 pH 值。联胺的作用是除氧。磷酸盐的作用是除去 Ca、Mg 等离子。

氨水和联氨主要是加到冷凝泵出口和给水箱中，磷酸盐主要是加到锅炉汽包中。

2-26　锅炉高压回路主要组成部分有哪些？试说明该部分的汽水流程。

答：经给水泵出口的管路，依次经过省煤器、汽包、高压循环泵、高压蒸发器、高压过热器、汽轮机，如图 2-1 所示。

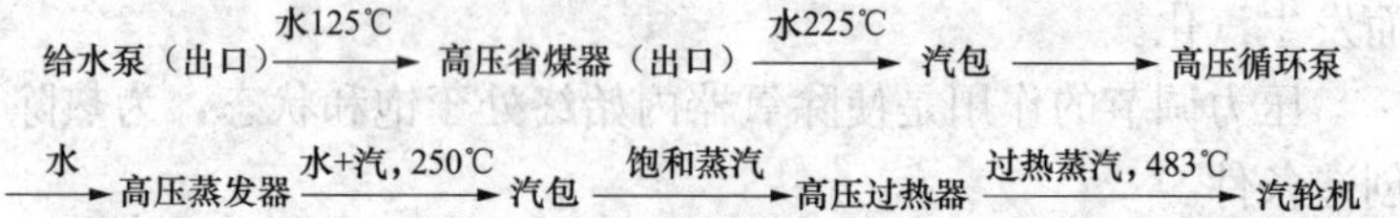

给水泵（出口）—水125℃→高压省煤器（出口）—水225℃→汽包→高压循环泵—水→高压蒸发器—水+汽，250℃→汽包—饱和蒸汽→高压过热器—过热蒸汽，483℃→汽轮机

图 2-1　锅炉高压回路

2-27　对水平蒸发器而言，为什么必须防止汽水分层的产生？

答：汽水分层时，部分汽与管壁接触，由于蒸汽的换热系数远小于水的导热系数，不能将蒸汽侧管壁的热量带走，所以使壁温上升。汽水分层的界面时常发生变化，使得管壁交替地与水、汽接触，与汽接触则壁温上升，与水接触则下降。壁温的交替变化，将使材料产生疲劳热应力。

2-28　试从安全性和经济性两方面简述蒸发器流量过少产生的影响。

答：（1）安全性方面：

1）对蒸发器本身而言，流量少将导致蒸发器超温、破坏。

2）对循环泵而言，蒸发器流量少说明泵的流量小，这样泵的轮叶摩擦的热量容易使水汽化，使泵易发生汽蚀。

（2）经济性方面：流量少，易产生水少汽多，使换热系数下降，从烟气吸收的热量少，排烟温度上升，增加排烟损失；同时流量少则产汽量小，锅炉效率降低。

2-29　锅炉运行中为什么必须控制水的品质？

答：锅炉运行中必须控制水的品质的原因如下。

（1）如果水中含较多的钙、镁化合物，会在管的内壁结垢，影响传热效率，使产汽量减小，同时易使管壁超温，导致破裂。

（2）尘水中容有氧时，氧气能助长管子的腐蚀，使其损坏，影响锅炉的寿命。

2-30　何为除盐水？如何得到？

答：经除盐后，含盐量接近于零的水叫除盐水。

用氢离子置换所有的金属离子，用氢氧离子置换所有的硫酸根、碳酸根等负离子后所得到的水，即为除盐水。

2-31　简述化学除氧和热除氧的原理。

答：化学除氧：通常加入联胺，与水中的氧发生反应，以达到除氧的目的，即

$$N_2H_4 + O_2 \longrightarrow N_2 + 2H_2O$$

热除氧：当水达到饱和状态时，水中溶解的氧气会从水中逸出，根据此原理，在除氧器内，利用低压蒸汽将进入的凝结水加热到饱和温度，以达到除氧效果。

2-32　为什么要对锅炉出口蒸汽温度进行调节？

答： 对锅炉出口蒸汽温度进行调节的原因如下。

（1）温度高于设定值，管道及汽轮机的材料温度会下降。

（2）蒸汽温度低于设定值，会使蒸汽焓下降、做功能力下降，影响汽轮机出力；同时蒸汽初温低，会使汽轮机末级叶片含湿量增加，对汽轮机不利。

2-33　为什么锅炉出口压力需要调节？

答： 因为压力过高会造成管路设备的温度过高而损坏；压力降低会使汽轮机做功能力下降，整个动力装置的效率降低。所以需要调节锅炉出口压力。

2-34　为什么不允许省煤器内的水汽化？如何避免？

答： 启动时省煤器内的水是不流动的，而热烟气不断流过省煤器，将热量传给省煤器内的水，这样省煤器内的水可能局部汽化，在一定条件下（如省煤器内水开始流动），这部分蒸汽又会突然凝结，造成压力波动而易引起水击，损坏设备。因此，不允许省煤器内的水汽化。

通过安装省煤器再循环阀及管道，将高压循环泵出口部分水引进省煤器，使其形成循环回路，可避免省煤器内的水汽化。

2-35　简述锅炉过热蒸汽温度调节的原理。

答： 过热蒸汽温度调节采用混合调节方式，汽包出来的饱和蒸汽一部分经过过热器到主蒸汽管，一部分经旁路调节阀进入主蒸汽管，与过热蒸汽混合，通过调节过热器旁路阀开度达到控制余热锅炉出口温度的目的。

出口温度设定值根据汽轮机的状态不同而不同。

（1）冷态时启动温度时为320℃。

（2）温态时启动温度时为375℃。

（3）热态时启动温度时为420℃。

汽轮机并网后，设定值分别按 4、8、50℃/min 的升速率，直到 483℃。

2-36　简述汽包压力调节原理。

答：汽包压力主要通过旁路阀和汽轮机主蒸汽调节阀来控制。

压力控制包括汽包压力升速率控制、汽包压力最大值限制、汽包压力降速率控制、汽包压力最小值限制。

当汽包压力升速率大于设定值 5℃/min、达到 5.5℃/min 时或者汽包压力大于设定值时，旁路阀开启到某一值；当汽包压力降速率或压力低于最小值时，主蒸汽调节阀关小。

2-37　简述省煤器再循环阀的作用及动作过程。

答：防止启动或低负荷运行时，省煤器内出现蒸发现象，将高压循环泵出口的水一部分引到省煤器入口，使省煤器出口温度与汽包饱和温度的温差保持在允许范围内。

过程如下：

(1) 当 ΔT（温差）＜5℃时，阀开。

(2) 当 5℃＜ΔT＜10℃时，保持原来位置。

(3) 当 ΔT＞10℃时，关阀。

2-38　何为余热锅炉负荷限制？

答：当汽包压力下降至某一较低的压力时，汽轮机运行效率难以保证，为使汽轮机和锅炉保持在一定经济稳定的状态运行，控制系统使汽轮机主蒸汽调节阀关小，降低汽轮机负荷，使压力上升，此为锅炉负荷限制。

2-39　简述省煤器再循环阀故障时的补救措施。

答：省煤器再循环阀故障时的补救措施如下。

(1) 当需要开启省煤器时，就地手动开启或在汽包液化允许的条件下，适量打开汽包给水调节阀，使省煤器内保持一定的流量。

（2）当锅炉稳定运行时，此时要求省煤器再循环阀关闭，应上平台就地手动关闭该阀。

2-40　省煤器出口温度调节回路的作用是什么？

答：省煤器出口温度调节回路的作用如下。

（1）使省煤器出口温度与汽包内的温度之差保持在允许范围内。

（2）防止出现温差过大，省煤器内出现蒸发现象；或者温差太小时，效益不好。

2-41　锅炉正常运行过程中，因电网故障出现全厂厂用电丢失，锅炉岗位应完成哪些检查和操作？

答：锅炉岗位应完成的检查和操作项目如下。

（1）若燃气轮机未停机，应检查并确保挡板关闭。

（2）关闭锅炉出口手动阀，防止蒸汽漏入冷凝器。

（3）若排污扩容器中有大量的水、汽漏出，关闭定期排污、连续排污手动阀。

2-42　锅炉满水的原因有哪些？

答：锅炉满水的原因如下。

（1）给水自动调节装置失灵或调整机构故障，未被及时发现和处理。

（2）蒸汽流量、给水流量传感器不准确。

（3）汽轮机突然升负荷，锅炉汽压突然降低，水位上升。

2-43　给水泵发生汽蚀的原因有哪些？

答：给水泵发生汽蚀的原因如下。

（1）除氧器内部压力降低。

（2）除氧水箱水位过低。

（3）给水泵长时间在较小流量或空负荷下运转。

（4）给水泵再循环门误关或开得过小，给水泵打闷泵。

2-44　锅炉满水的现象有哪些？

答：锅炉满水的现象如下。

（1）锅炉各水位指示器指示过高。

（2）给水流量不正常地大于蒸汽流量。

（3）蒸汽导电率指示增大。

（4）过热蒸汽温度有所下降。

（5）严重满水时，蒸汽温度直线下降，蒸汽管道发生水冲击。

2-45　锅炉满水时应做哪些处理？

答：在锅炉水位控制中，当水位上升至＋310mm时，自动打开定期排污阀（事故放水阀），当水位降至＋240mm时，该阀关闭。运行中出现水位高报警时，运行人员应查明原因，及时处理。必要时可将给水调节阀置手动，减少给水流量。如运行人员及时发现，可提前打开定期排污阀事故放水阀放水；如处理无效，水位上升至＋410mm时，水位高自动保护动作，锅炉自动跳闸。

如自动保护拒绝动作，应立即手动停炉。单炉机运行时，汽轮机和发电机应联动跳闸。联动失灵时，应立即停止汽轮机、发电机运行。通知汽轮机运行人员打开汽轮机侧主蒸汽管道上的疏水阀，同时，对锅炉进行放水，严密监视汽包水位，若水位在水位计上重新出现时，可适当关小或关闭锅炉事故放水阀，保持正常水位，待事故原因查明并消除后，重新恢复锅炉正常运行。

2-46　锅炉缺水的原因有哪些？

答：锅炉缺水的原因如下。

（1）给水自动调节装置失灵或调节阀故障，未能及时发现和处理。

（2）给水泵跳闸。

（3）给水压力低。

（4）给水管道或省煤器破裂。

（5）汽轮机甩负荷后，锅炉安全阀启动后不回座。

（6）锅炉排污管、阀门泄漏，排污量过大。

2-47　锅炉缺水有哪些现象?

答: 锅炉缺水的现象如下。

（1）水位计指示低。

（2）给水流量不正常地小于蒸汽流量。

（3）过热蒸汽温度高。

2-48　锅炉缺水时应如何处理?

答: 锅炉缺水，主要是依靠仪表指示、信号报警和水位保护装置判断。当水位低至－500mm时，发出水位低报警信号，此时应判明水位低的原因，进行处理。必要时将给水自动调节改为手动调节，适当增加给水量。若处理无效，水位降至－550mm，锅炉水位低自动保护应动作，锅炉跳闸。单炉运行时，联跳汽轮机和发电机，如保护拒绝动作，应手动停炉。停炉后水位继续下降，若判明为严重缺水时，则严禁向锅炉进水。原因是严重缺水时，水位低到什么程度无法判断，此时如强行进水，温度很高的汽包被温度较低的给水冷却时，会产生巨大的热应力，影响汽包寿命；严重时，汽包会出现裂纹。

2-49　锅炉超压应如何处理?

答: 当控制系统反应迟缓或汽轮机旁路动作不正常，由于其他原因运行时，锅炉压力已超过设定点并还在上升，而旁路阀未能打开或打开过慢，将导致锅炉超压。当出现锅炉超压时，如旁路阀未打开（即开度信号仍为0%）或打开后开度不变而压力继续增加，可将该阀置于手动方式，适当调节开度。如在屏幕上用手动方式无法打开旁路阀，则应用手动方式打开启动排汽阀泄压，并适当关小挡板。如锅炉压力无法稳定，可申请值长，暂时退出锅炉运行，查清原因。

第三章 余热锅炉热控专业基础知识

3-1　简述余热锅炉给水调节系统的调节目的和主要信号。

答：余热锅炉给水调节系统的调节目的是维持汽包水位稳定，使给水流量与蒸汽流量达到动态平衡。

主要信号包括汽包水位、主蒸汽流量、给水流量。

3-2　余热锅炉正常运行时汽包的水位定值是多少？

答：余热锅炉正常运行时汽包的水位定值是0mm。

3-3　余热锅炉给水调节门自动控制有几种调节模式？

答：余热锅炉给水调节门自动控制有单冲量调节模式和三冲量调节模式两种。

3-4　简述单冲量调节模式。

答：单冲量调节模式即单水位调节模式，它只接收汽包水位信号作为被测信号，高压汽包水位信号与给定值进行比较后经PID（比例、积分、微分）运算输出到AOUT（模拟量输出）模块中，转化成4～20mA信号输出至阀门，控制阀门动作，调节高压给水流量。

3-5　简述三冲量调节模式。

答：三冲量调节模式是串级调节模式，有两个PID调节模块，一个是主调，它接收汽包水位信号，与给定值进行比较后经PID运算后输出到副调，作为副调的给定值，与副调的测量值高压给水流量比较后经PID运算输出到AOUT模块，再经AOUT模块转化成4～20mA信号输出至阀门，控制给水流量。

3-6 简述单冲量与三冲量切换的前提条件。

答：三冲量切换的前提条件有三个，即给水流量信号正常、主汽流量信号正常、给水流量大于设定值（高压为150、25t/h，低压为20t/h）。当这三个前提条件都满足时，如果没有人为选定单冲量模式，就可以自动投入到三冲量控制模式；当这三个条件有任意一个不满足时，就投入到单冲量控制模式。

3-7 简述给水调节门自动控制系统的强制手动条件。

答：给水调节门自动控制系统的强制手动条件如下：

（1）高压给水调节门置于就地位。

（2）高压给水调节门有故障信号发出。

（3）三个高压汽包压力信号全坏。

（4）三个高压汽包水位信号全坏。

（5）在高压汽包水位信号系统没有投入监测模式时，有两个高压汽包水位信号坏。

当这五个条件有任意一个满足时，调节门自动控制系统强制为手动。

3-8 简述余热锅炉高压给水差压控制的调节目的、主要信号及差压定值。

答：调节目的是维持高压给水调节阀前、后差压稳定，达到节能降耗的目的。

主要信号是高压给水调节阀前、后差压信号。

差压定值为1.5MPa。

3-9 简述余热锅炉高压给水差压控制的逻辑。

答：高压给水差压控制采用串级调节，即一个主调和一个副调。主调的任务是将测得的高压给水调节门的前、后差压与设定值（1.5MPa）进行比较，得到的偏差信号再经过PID运算后输出一个值，这个值再与高压给水泵A和B的变频器频率信号之和（通常是单泵运行）共同作用于副调当中，主调的输出值作为副调的设定值，高压给水泵A和B的变频器频率信号之和作为副调的测量值，经过PID运算后输出到AOUT模块中，这里有两个AOUT模块，分别控制给水泵A和B的变频器频率（采用液力耦合器调节的是控制液力耦合器输出来改变转速）。

3-10　简述给水泵变频器手/自动切换的条件。

答：给水泵变频器切自动的条件：在余热锅炉启动过程中，如果给水泵A没有运行，而此时给水泵B正在运行，这时给水泵B变频器将强制切为自动模式。这是一个2s的脉冲信号，脉冲发出后，给水泵变频器将保持自动状态直到手动信号发出为止。

给水泵变频器切手动的条件：当给水泵A停止运行，或者给水调节门的前、后差压的三个差压信号全坏，给水泵A强制切为手动模式。

3-11　简述高压主蒸汽温度控制的调节目的、主要信号及设定值。

答：调节目的是维持高压过热蒸汽温度在允许的范围内波动，防止蒸汽温度过高。

主要信号是高压主蒸汽二级过热器出口温度、二级过热器入口温度。

设定值是538℃。

3-12　简述高压主蒸汽温度控制的逻辑。

答：高压主蒸汽温度控制采用串级调节，即一个主调和一个副调。高压主蒸汽二级过热器出口温度做为主调的测量值，与温度定值进行比较取其偏差，经 PID 运算后，作为副调的给定值，而高压主蒸汽二级过热器入口温度作为副调的测量值，测量值与给定值比较取偏差后经 PID 运算输出到 AOUT 模块中转化成 4～20mA 信号，输出到高压主蒸汽温度控制阀，控制高压主蒸汽减温水流量，从而达到控制高压主蒸汽温度的目的。

3-13 简述高压主蒸汽温度控制强制手/自动切换及强关条件。

答：（1）强制手动条件如下：

1）高压主蒸汽二级过热器出口温度测点坏。

2）高压主蒸汽二级过热器入口温度测点坏。

3）高压主蒸汽温度控制阀发故障信号。

4）高压主蒸汽温度控制阀切就地位。

当这四个条件有任意一个满足时，系统强制手动。

（2）强制自动条件如下：

当高压主蒸汽减温水调整门前电动门全开时，系统将投入到自动模式。

（3）强关条件如下：

1）高压主蒸汽减温水调整门前电动门全关。

2）燃气轮机熄火。

3）高压主蒸汽流量低于 25％。

当上述三个条件有任意一个满足时，高压主蒸汽温度控制阀将强制关闭。

3-14 简述再热蒸汽温度控制的调节目的、主要信号及设定值。

答：调节目的是维持再热蒸汽温度在允许的范围内波动，防止蒸汽温度过高。

主要信号是再热蒸汽二级过热器出口温度、再热蒸汽二级过热器入口温度。

设定值为566℃。

3-15　简述再热蒸汽温度控制的逻辑。

答： 再热蒸汽温度控制采用串级调节，即一个主调和一个副调。再热蒸汽二级过热器出口温度作为主调的测量值，与温度定值进行比较取其偏差，经PID运算后，作为副调的给定值，而再热蒸汽二级过热器入口温度作为副调的测量值，测量值与给定值比较取偏差后经PID运算输出到AOUT模块中转化成4～20mA信号输出到再热蒸汽温度控制阀，控制再热蒸汽减温水流量，从而达到控制再热蒸汽温度的目的。

3-16　简述再热蒸汽温度控制强制手/自动切换、强关条件。

答：（1）强制手动条件如下：

1）再热蒸汽二级过热器出口温度测点坏。

2）再热蒸汽二级过热器入口温度测点坏。

3）再热蒸汽温度控制阀发故障信号。

4）再热蒸汽温度控制阀打就地位。

当这四个条件有任意一个满足时，系统强制手动。

（2）强制自动条件如下：

当再热蒸汽减温水调整门前电动门全开时，系统将投入到自动模式。

（3）强关条件如下：

1）再热蒸汽减温水调整门前电动门全关。

2）燃气轮机熄火。

3）再热蒸汽流量低于最大流量的25%。

当上述三个条件有任意一个满足时，再热蒸汽温度控制阀将强制关闭。

3-17　简述高压省煤器出口温度控制的调节目的、主要信号及设定值。

答：调节目的是调节高压省煤器出口给水温度，防止省煤器出口给水温度超温汽化。

主要信号是高压省煤器出口温度、高压省煤器出口压力。

温度定值：高压省煤器出口压力信号经过一个折线函数计算后作为高压省煤器出口温度控制系统的设定值。

3-18　简述高压省煤器出口温度控制的逻辑。

答：高压省煤器出口温度控制系统是一个单级调节系统，即系统只有一个 PID 调节模块。高压省煤器出口温度作为调节系统的测量值，高压省煤器出口压力信号经过一个折线函数计算后作为高压省煤器出口温度控制系统的设定值，两值比较取偏差后经 PID 调节模块运算后进入到 AOUT 模块中转化成 4～20mA 信号，进入高压省煤器出口温度调整门，控制省煤器旁路中的给水流量，为省煤器出口给水降温，从而达到控制高压省煤器出口温度的目的。

3-19　简述高压省煤器出口温度控制强制手动条件。

答：高压省煤器出口温度控制强制手动条件如下：

（1）高压省煤器出口温度控制阀发故障信号。

（2）高压省煤器出口温度控制阀打就地位。

（3）高压省煤器出口温度测点坏。

当这三个条件有任意一个满足时，系统将强制手动。

3-20　简述低压省煤器出口温度控制的调节目的、主要信号及设定值。

答：调节目的是调节凝结水加热器入口温度，使其在允许的范围内波动。

主要信号是凝结水加热器入口温度。

温度定值为55℃。

3-21　简述低压省煤器出口温度控制的逻辑。

答：凝结水加热器入口温度控制系统是一个单级调节系统，即系统只有一个PID调节模块。凝结水加热器入口温度作为调节系统的测量值，测量值与设定值比较取偏差后经PID调节模块运算后进入AOUT模块中转化成4～20mA信号，进入到凝结水加热器入口温度调整门，控制阀门开关，从而达到控制凝结水加热器入口温度的目的。

3-22　简述低压省煤器出口温度控制强制手动条件。

答：低压省煤器出口温度控制强制手动条件如下：

(1) 凝结水加热器入口温度调整门发故障信号。

(2) 凝结水加热器入口温度调整门打就地位。

(3) 凝结水加热器入口温度信号测点坏。

当这三个条件有任意一个满足时，系统将强制手动。

3-23　简述连续排污扩容器水位控制的调节目的、主要信号及设定值。

答：调节目的是调节连续排污扩容器水位，使其在允许的范围内波动。

主要信号是连排扩容器水位。

水位定值为505mm。

3-24　简述连续排污扩容器水位控制的逻辑。

答：连排扩容器水位控制系统是一个单级调节系统，即系统只有一个PID调节模块。连排扩容器水位作为调节系统的测量值，测量值与设定值比较取偏差后经PID调节模块运算后进入AOUT模块中转化成4～20mA信号，进入到连排扩容器水位调整门，控制阀门开关，从而达到控制连排扩容器水位的目的。

3-25　简述连续排污扩容器水位控制强制手动条件。

答：连续排污扩容器水位控制强制手动条件如下：

（1）连排扩容器水位调整门发故障信号。

（2）连排扩容器水位调整门打就地位。

（3）连排扩容器水位信号测点坏。

当这三个条件有任意一个满足时，系统将强制手动。

3-26　简述余热锅炉热控保护的目的。

答：由于燃气-蒸汽联合循环余热锅炉无燃烧系统，所以余热锅炉的控制和保护装置主要集中在汽水系统。汽包上部是汽空间、下部是水空间，汽包水位太高会减少蒸汽重力分离行程，破坏汽水分离效果，使蒸汽中带水，造成过热器中盐类沉积，恶化过热器的工作。水位太低，有可能在下降管中带有蒸汽，影响水循环可靠性。因此，在运行时汽包水位必须控制在允许范围内波动。

（1）高压汽包装 3 个差压水位变送器，量程为－630～＋510mm。

（2）中压汽包装 3 个差压水位变送器，量程为－400～＋600mm。

（3）低压汽包装 3 个差压水位变送器，量程为－400～＋600mm。

3-27　简述余热锅炉热控保护的主要项目。

答：余热锅炉热控保护的主要项目如下：

（1）高压汽包保护。

（2）中压汽包保护。

（3）低压汽包保护。

（4）凝结水泵全停保护。

3-28 简述余热锅炉汽包水位信号的“三取二”选择模块逻辑。

答：余热锅炉汽包水位的“三取二”选择模块逻辑如下：

（1）无人工选择信号时（MONITOR ON），信号进行自动选择，当3个汽包水位信号都正常时，信号取中值；当2个汽包水位信号正常时，信号取平均值；当只有1个汽包水位信号正常时，信号取此点。

（2）有人工选择信号时（MONITOR OFF），若所选点品质好，信号则根据人工要求进行选择。

（3）当汽包水位测点有2个点异常时，保护输入信号的“三取二”要求无法实现，但LA100仍然有输出，汽包水位保护依然有效。

3-29 余热锅炉设置有哪些保护？为何要设置水位保护？水位保护动作的结果是什么？

答：余热锅炉设置以下保护：

（1）汽包水位高/低于设定值停机保护。

（2）为防止锅炉超压，在主、再热蒸汽管道及高、中、低压汽包均安装有机械弹簧式安全门。当锅炉蒸汽压力达到设定值时，安全门动作泄压，起保护锅炉的作用。

设置锅炉水位保护的目的主要是保护锅炉受热面。当汽包水位升高时，蒸汽带水或夹带饱和蒸汽，将会在过热器、主/再热蒸汽管道或汽轮机内部发生水冲击事故，造成设备严重损坏。

当水位高一值时，发出报警并打开紧急放水门；当水位高于规定值时，水位高保护动作停机。为防止锅炉受热面严重缺水损坏，设置了低水位保护，当水位低一值时，发出报警并关闭（闭锁）各疏放水门；当水位低于规定值时，保护动作停机。

3-30　简述余热锅炉高压汽包保护逻辑。

答：余热锅炉高压汽包保护逻辑如下。

（1）高压汽包水位高保护：3个高压汽包水位测点全部正常时，任意2个水位测点大于或等于330mm或者LA100≥330mm延时10s，余热锅炉跳闸。

（2）高压汽包水位低保护：3个高压汽包水位测点全部正常时，任意2个水位测点小于或等于－490mm或者LA100≤－490mm延时10s，余热锅炉跳闸。

（3）2台高压给水泵全部跳闸后2min，燃气轮机跳闸。

3-31　简述余热锅炉中压汽包保护逻辑。

答：余热锅炉中压汽包保护逻辑如下。

（1）中压汽包水位高保护：3个中压汽包水位测点全部正常时，任意2个水位测点大于或等于420mm或者LA100≥420mm延时10s，余热锅炉跳闸。

（2）中压汽包水位低保护：3个中压汽包水位测点全部正常时，任意2个水位测点小于或等于－350mm或者LA100≤－350mm延时10s，燃气轮机跳闸。

（3）2台中压给水泵全部跳闸后2min，燃气轮机跳闸。

3-32　简述余热锅炉低压汽包保护逻辑。

答：余热锅炉低压汽包保护逻辑如下。

（1）低压汽包水位高保护：3个低压汽包水位测点全部正常时，任意2个水位测点大于或等于420mm或者LA100≥420mm延时10s，余热锅炉跳闸。

（2）低压汽包水位低保护：3个低压汽包水位测点全部正常时，任意2个水位测点小于或等于－350mm或者LA100≤－350mm延时10s，燃气轮机跳闸。

第四章

余热锅炉燃料专业基础知识

4-1 简述燃气的定义。

答： 燃气是指用于生产、生活的天然气、人工煤气、液化石油气等气体燃料。

4-2 什么是标准煤？

答： 标准煤是指应用基低位发热量 $Q_{dy}=29\ 310kJ/kg$ （7000kcal/kg）的煤。

4-3 简述天然气的定义。

答： 从广义来说，天然气是指自然界中天然存在的一切气体，包括大气圈、水圈和岩石圈中各种自然过程形成的气体。而人们长期以来通用的天然气的定义，是从能量角度出发的狭义定义，是指天然蕴藏于地层中的烃类和非烃类气体的混合物。

天然气主要存在于油田气、气田气、煤层气、泥火山气和生物生成气中，也有少量出于煤层。天然气又可分为伴生气和非伴生气两种。伴随原油共生，与原油同时被采出的油田气叫伴生气；非伴生气包括纯气田天然气和凝析气田天然气两种，在地层中都以气态存在。凝析气田天然气从地层流出井口后，随着压力的下降和温度的升高，分离为气、液两相，气相是凝析气田天然气，液相是凝析液，叫凝析油。

依天然气蕴藏状态，又分为构造性天然气、水溶性天然气、煤矿天然气三种。而构造性天然气又可分为伴随原油出产的湿性天然气、不含液体成分的干性天然气。

天然气燃料是各种替代燃料中最早广泛使用的一种，它分为压缩天然气（CNG）和液化天然气（LNG）两种。

4-4　简述天然气的化学成分。

答：天然气主要成分为烷烃，其中甲烷占绝大多数，另有少量的乙烷、丙烷和丁烷。此外，一般有硫化氢、二氧化碳、氮和水气和少量一氧化碳及微量的稀有气体，如氦和氩等。在标准状况下，甲烷至丁烷以气体状态存在，戊烷以上为液体。甲烷是最短和最轻的烃分子。

4-5　简述甲烷的爆炸限值。

答：甲烷在空气中的爆炸极限下限为5%，上限为15%。

4-6　试列出甲烷燃烧方程式。

答：甲烷燃烧方程式如下。

（1）完全燃烧为

$$CH_4 + 2O_2 = CO_2 + 2H_2O\text{(反应条件为点燃)}$$

（2）不完全燃烧为

$$2CH_4 + 3O_2 = 2CO + 4H_2O$$

4-7　简述天然气的使用优点。

答：天然气的使用优点如下。

（1）绿色环保。天然气是一种洁净环保的优质能源，几乎不含硫、粉尘和其他有害物质，燃烧时产生二氧化碳少于其他化石燃料，造成温室效应较低，因而能从根本上改善环境质量。

（2）经济实惠。天然气与人工煤气相比，同比热值价格相当，并且天然气清洁干净，能延长灶具的使用寿命，也有利于用户减少维修费用的支出。天然气是洁净燃气，供应稳定，能够改善空气质量，因而能为该地区经济发展提供新的动力，带动经济繁荣及改善环境。

（3）安全可靠。天然气无毒、易散发，比重轻于空气，不宜积聚成爆炸性气体，是较为安全的燃气。

（4）改善生活。随着家庭使用安全、可靠的天然气，将会极大地改善家居环境，提高生活质量。

4-8　天然气燃烧耗氧情况如何计算？

答： 天然气耗氧情况计算：1m^3 天然气（纯度按 100%计算）完全燃烧约需 2.0m^3 氧气，大约需要 10m^3 的空气。

4-9　天然气的燃烧热值是多少？

答： 天然气每立方燃烧热值为 33～36kJ（8000～8500cal）。

4-10　简述天然气前置精过滤模块检查的具体内容。

答： 天然气前置精过滤模块检查的具体内容如下。

（1）天然气前置精滤模块各阀门位置正确，管道和法兰无漏气现象；管道法兰跨接线连接牢固、外观完好。

（2）天然气进、出口压力正常、温度正常，天然气流量计工作正常，流量计润滑油液位正常。

（3）过滤分离器液位计和压差表指示为 0。

（4）检查天然气切断阀、放空阀位置正常，仪用空气压力正常，无漏气现象。

4-11　简述燃气轮机危险气体探测系统。

答： 燃气轮机危险气体探测系统对于天然气机组来说是非常重要的一个系统；天然气无色无味、易燃易爆，需要借助相关检测仪器才能发现是否发生天然气泄漏。燃气轮机危险气体探测系统保证天然气管道及法兰若存在泄漏就会及时发现，并作必要的控制保护处理。

4-12　为什么说火力发电厂潜在的火灾危险性很大?

答: 火力发电厂潜在的火灾危险性大的原因如下。

(1) 火力发电厂生产中所消耗的燃料是煤、油或天然气，都是易燃物，燃料系统容易发生着火事故。

(2) 火力发电厂主要设备中如汽轮机、变压器、油开关等都有大量的油，油是易燃物，容易发生火灾事故。

(3) 若发电机采用氢气冷却，运行中氢气易外漏，当氢气与空气混合到一定比例时，遇火即发生爆炸，氢爆炸事故是非常严重的。

(4) 发电厂中使用的电缆数量很大，而电缆的绝缘材料又易燃烧，一旦电缆着火，往往扩大为火灾事故。

4-13　简述燃烧室的工作原理。

答: 燃烧室为压气机的压缩空气提供一个稳定燃烧的场所，燃烧后，增加工质的焓、做功能力和比容（等压增容）。

4-14　简述点火火花塞的工作原理。

答: 通过感应点火线圈来供给高压电，感应点火线圈能把（低压 24V）直流电感应升压变为高压交流电（15 000V），使火花塞在空间放电起弧，从而点燃燃料。

4-15　氮氧化物（NO_x）是怎么形成的?

答: 空气中的氮气的化学性质很稳定，常温下很难跟其他物质发生反应，但在高温、高能量条件下氧气发生化学反应生成氮氧化物（NO_x），即

$$N_2+O_2 \xlongequal{\text{高温或电弧}} NO_x$$

其中，燃气轮机的燃烧室在高温燃烧过程中，NO_x 主要以 NO 的形式存在，最初排放的 NO_x 中 NO 约占 95%。但是，NO 在大气中极易与空气中的氧发生反应，生成 NO_x。

4-16　扩散燃烧方式的特点是什么？

答：火焰面上的燃烧扩散系数 $\alpha_f=1.0$，其燃烧温度很高，通常为理论燃烧温度，因此，按此种燃烧方式组织的燃烧过程会产生数量较多的热 NO_x 污染物，另外，这种燃烧的燃烧速度主要取决于燃料与空气相互扩散和掺混的时间，而不是取决于它们的化学反应所需的时间。

第五章

余热锅炉金属材料基础知识

5-1 什么叫强度？强度指标通常有哪些？

答：强度是指金属材料在外力作用下抵抗变形和破坏的能力。

强度指标有弹性极限、屈服极限、强度极限。

(1) 弹性极限是指材料在外力作用下产生弹性变形的最大应力。

(2) 屈服极限是指材料在外力作用下出现塑性变形时的应力。

(3) 强度极限是指材料断裂时的应力。

5-2 什么叫塑性？塑性指标有哪些？

答：塑性是指金属材料在外力作用下产生塑性变形而不破坏的能力。

塑性指标有延伸率和断面收缩率。

5-3 什么叫变形？变形过程包括哪三个阶段？

答：金属材料在外力作用下，引起尺寸和形状的变化称为变形。

任何金属，在外力作用下引起的变形过程可分为以下三个阶段。

(1) 弹性变形阶段。即在应力不大的情况下变形量随应力值成正比例增加，当应力去除后变形完全消失。

(2) 弹—塑性变形阶段。即应力超过材料的屈服极限时，在应力去除后变形不能完全消失，而有残留变形存在，这部分残留变形即为塑性变形。

（3）断裂。当应力继续增大，金属在大量塑性变形之后即发生断裂。

5-4　什么叫热应力？

答：由于零部件内、外或两侧温差引起的零部件变形受到约束，而在物体内部产生的应力称为热应力。

5-5　什么叫热冲击？

答：金属材料受到急剧的加热和冷却时，其内部将产生很大的温差，从而引起很大的冲击热应力，这种现象称为热冲击。一次大的热冲击，产生的热应力能超过材料的屈服极限，而导致金属部件损坏。

5-6　什么叫热疲劳？

答：金属零部件被反复加热和冷却时，其内部产生交变热应力，在此交变热应力反复作用下零部件遭到破坏的现象叫热疲劳。

5-7　什么叫蠕变？

答：金属材料长期处于高温条件下，在低于屈服点的应力作用下，缓慢而持续不断地增加材料塑性变形的过程叫蠕变。

5-8　什么叫应力松弛？

答：金属零件在高温和某一初始应力作用下，若维持总变形不变，则随时间的增加，零件的应力逐渐降低，这种现象叫应力松弛，简称松弛。

5-9　什么是碳钢？按含碳量如何分类？按用途如何分类？

答：（1）碳钢是含碳为0.02%～2.11%的铁碳合金。

（2）碳钢按含碳量可分为：

1）低碳钢。含碳量小于0.25%。

2）中碳钢。含碳量为0.25%～0.6%。

3）高碳钢。含碳量大于0.6%。

（3）碳钢按用途可分为：

1）碳素结构钢。含碳量小于0.7%。

2）碳素工具钢。含碳量大于0.7%。

5-10　什么是超温或过热？两者之间有什么关系？

答：超温或过热就是在运行中，金属的温度超过金属允许的额定温度。

超温与过热在概念上是相同的。所不同的是，超温指运行中出于各种原因，使金属的管壁温度超过所允许的温度，而过热是因为超温致使管子爆管。也就是说超温是过热的原因，过热是超温的结果。

5-11　为什么要对热流体通过的管道进行保温？对管道保温材料有哪些要求？

答：当流体流过管道时，管道表面向周围空间散热形成热损失，不仅使管道经济性降低，而且使工作环境恶化，容易烫伤人体，因此，对温度高的管道必须进行保温。

对管道保温材料有如下要求。

（1）导热系数及密度小，且具有一定的强度。

（2）耐高温，即高温下不易变质和燃烧。

（3）高温下性能稳定，对被保温的金属没有腐蚀作用。

（4）价格低，施工方便。便于操作人员进行科学的调整，从而获得更高的运行经济效益。

5-12　何谓疲劳和疲劳强度？

答：在工程实际中，很多机器零件所受的载荷不仅大小可能变化，而且方向也可能变化，如齿轮的齿、转动机械的轴等。这种载荷称为交变载荷，交变载荷在零件内部将引起随时间而变化的应力，称为交变应力。零件在交变应力的长期作用下，会在小于材料的强度极限甚至小于屈服极限的应力下断裂，这种现象称为疲劳。

金属材料在无限多次交变应力作用下，不致引起断裂的最大应力称为疲劳极限或疲劳强度。

5-13 蒸汽与金属表面间的凝结放热有哪些特点?

答: 由于凝结放热时热交换是通过蒸汽凝结放出汽化潜热的方式来实现的，所以其放热系数一般较大，凝结放热有两种。

(1) 蒸汽在金属表面凝结形成水膜，而后蒸汽凝结时放出的汽化潜热通过水膜传给金属表面，这种方式叫膜状凝结。冷态启动初始阶段蒸汽对汽缸内表面的放热就是这种方式，其放热系数为 4652～17 445m^2 · K。

(2) 蒸汽在金属表面凝结放热时不形成水膜，这种凝结方式叫珠状凝结。冷态启动初始阶段，受转子旋转的离心力作用，蒸汽对转子表面的放热属于珠状凝结。珠状凝结放热系数相当大，一般达膜状凝结放热系数的 15～20 倍。

5-14 蒸汽与金属表面间的对流放热有何特点?

答: 当金属表面温度达到加热蒸汽压力下的饱和温度以上时，蒸汽与金属表面的热传递以对流放热方式进行，蒸汽的对流放热系数要比凝结放热系数小得多。蒸汽对金属的放热系数不是一个常数，它与蒸汽的状态有很大的关系，高压过热蒸汽和湿蒸汽的放热系数较大，低压微过热蒸汽的放热系数较小。

5-15 什么叫金属的低温脆性转变温度?

答: 低碳钢和高强度合金钢在某些温度下有较高的冲击韧

性，但随着温度的降低，其冲击韧性将有所下降。冲击韧性显著下降时，即脆性断口占试验断口50%时的温度称为金属的低温脆性转变温度。

5-16　什么叫低温腐蚀？

答：低温对流受热面烟气侧的腐蚀简称低温腐蚀。对于现代锅炉，主要发生在低温空气预热器的冷端。

5-17　何谓金属腐蚀和金属侵蚀？

答：金属在周围介质（如空气、水等）的作用下，由于化学或电化学反应，金属表面开始遭到破坏，这一现象称为金属的腐蚀。

金属表面由于机械因素的作用遭到破坏，这一现象称为金属的侵蚀。

5-18　何谓应力腐蚀？应力腐蚀的特征有哪些？

答：金属材料在应力和腐蚀介质作用下产生的腐蚀称为应力腐蚀。

应力腐蚀的特征是：断口为脆性断裂，它与机械断裂不同。断口周围有许多裂纹，大多数裂纹从介质接触表面向金属基体发展。裂纹因材料、介质的不同，有沿晶缘发展的，也有穿晶的。一般情况下，普通钢材为沿晶缘腐蚀，奥氏体钢为穿晶腐蚀。

5-19　金属腐蚀破坏的基本形式有哪几类？它们各有何特点？

答：金属腐蚀破坏的基本形式可分为两大类，即全面腐蚀和局部腐蚀。

（1）全面腐蚀。金属在腐蚀性介质作用下，金属表面全部或大部分遭到腐蚀破坏的称为全面腐蚀。全面腐蚀又可分为均匀的全面腐蚀和不均匀的全面腐蚀两种。均匀的全面腐蚀即金属的整个表面以大体均匀的速度被腐蚀。不均匀的全面腐蚀即金属表面各个部分，以不同的速度被腐蚀。

（2）局部腐蚀。金属表面只有部分发生腐蚀破坏的称局部腐蚀。

5-20　局部腐蚀的形式有哪几种？各有何特点？

答：局部腐蚀的形式有斑痕、溃疡、点状、晶间、穿晶和选择性六种。其特点如下。

（1）斑痕腐蚀。形状不规则，分散在金属表面的个别部位，深度不大，但所占的面积较大。

（2）溃疡腐蚀。又称坑陷腐蚀，腐蚀处呈明显边缘和稍深的陷坑，腐蚀集中在较小的面积上。

（3）点状腐蚀。又称孔洞腐蚀，这种腐蚀与溃疡腐蚀相似，只是面积小，深度较大，直至穿孔。

（4）晶间腐蚀。这种腐蚀沿金属晶体的边界发展，结果形成金属晶间裂缝，使金属的机械性能降低，在金属没有发生显著的变形时，就造成了严重破坏。

（5）穿晶腐蚀。腐蚀裂缝穿过金属的晶粒，对金属的破坏性较大。

（6）选择性腐蚀。合金中的某一成分受到破坏，致使合金的强度和韧性显著降低。

5-21　氧化铁垢的形成原因是什么？其特点是什么？

答：氧化铁垢是目前火力发电厂锅炉水冷壁管中最常见的一种水垢。它的形成原因主要是锅炉受热面局部热负荷过高、锅炉水中含铁量较大、锅炉水循环不良、金属表面腐蚀产物较多等。

氧化铁垢一般呈贝壳状，有的呈鳞片状凸起物，垢层表面为褐色，内部和底部是黑色或灰色。垢层剥落后，金属表面有少量的白色物质，这些白色物质主要是硅、钙、镁和磷酸盐的化合物，有的垢中还含有少量的氢氧化钠。氧化铁垢的最大特点是垢层下的金属表面受到不同程度的腐蚀损坏，从产生麻点、溃疡直到穿孔。

5-22 锅炉金属的应力腐蚀有几种类型？分别是什么？

答：锅炉金属的应力腐蚀有三种类型，即腐蚀疲劳、应力腐蚀开裂和苛性脆化。

5-23 影响金属腐蚀的内部因素有哪些？

答：影响金属腐蚀的内部因素有金属的成分和结构、金属内部的杂质和应力、金属的表面状态等。

5-24 什么叫苛性脆化？产生的原因有哪些？

答：苛性脆化是锅炉金属的一种特殊局部腐蚀，它是因锅炉水中游离碱被浓缩和金属内部有较高应力而引起的。这种腐蚀沿着金属结晶颗粒的界面进行，向金属内部纵深方向发展，形成细小裂纹，并在应力的作用下，逐渐扩展成穿透性的裂缝。

造成苛性脆化的主要原因有以下几个方面。

(1) 金属内部存在大于其屈服极限的应力。

(2) 锅炉水中含有较高浓度的氢氧化钠，具有很大的侵蚀性。

(3) 锅炉结构的某处有锅炉水浓缩的可能，使局部地区锅炉水高度浓缩。

第二部分
设备、结构及工作原理

第六章

余热锅炉汽水系统

6-1　什么叫工质？

答： 工质是热机中热能转变为机械能的一种媒介物质（如燃气、蒸汽等），依靠它在热机中的状态变化（如膨胀）才能获得功。为了在工质膨胀中获得较多的功，工质应具有良好的膨胀性。在热机的不断工作中，为了方便工质流入与排出，还要求工质具有良好的流动性。因此，在物质的固、液、气三态中，气态物质是较为理想的工质。

6-2　何谓工质的状态参数？常用的状态参数有几个？基本状态参数有几个？

答： 描述工质状态特性的物理量称为状态参数。

常用的工质状态参数有温度、压力、比容、焓、熵、内能等。

基本状态参数有温度、压力、比容。

6-3　什么叫温度、温标？常用的温标形式有哪几种？

答： 温度是衡量物体冷热程度的物理量。

对温度高低量度的标尺称为温标。

常用的有摄氏温标和绝对温标。

（1）摄氏温标。规定在标准大气压下纯水的冰点为0℃、沸点为100℃，在0℃与100℃之间分成100个格，每格为1℃，这种温标为摄氏温标，用℃表示单位符号，用t作为物理量符号。

（2）绝对温标。规定水的三相点（水的固、液、汽三相平衡的状态点）的温度为273.15K。绝对温标与摄氏温标的每刻度的大小是相等的，但绝对温标的0K，则是摄氏温标的－273.15℃。绝对温标用K作为单位符号，用T作为物理量符号。摄氏温标与绝对温标的关系为$t=T-273.15$℃。

6-4 什么叫压力？压力的单位有几种表示方法？

答：单位面积上所受到的垂直作用力称为压力。用符号p表示，即

$$p = F/A$$

式中 F——垂直作用于器壁上的合力，N；

A——承受作用力的面积，m^2。

压力的单位有：

（1）国际单位制中表示压力采用N/m^2，名称为［帕斯卡］，符号是Pa。

$1Pa=1N/m^2$；在电力工业中，机组参数多采用MPa（兆帕），$1MPa=10^6N/m^2$。

（2）以液柱高度表示压力的单位有毫米水柱（mmH_2O）、毫米汞柱（mmHg），$1mmHg=133N/m^2$，$1mmH_2O=9.81N/m^2$。

（3）工程大气压的单位为kgf/cm^2，常用at作代表符号，$1at=98\,066.5N/m^2$，物理大气压的数值为$1.0332kgf/cm^2$，符号是atm，$1atm=1.013\times10^5N/m^2$。

6-5 什么叫能？能的形式有哪些？热力学中应用的能有哪些？

答：物质做功的能力称为能。

能的形式一般有动能、位能、光能、电能、热能等。

热力学中应用的有动能、位能和热能等。

6-6 什么叫动能？物体的动能与什么有关？

答：物体因为运动而具有做功的本领叫动能。动能与物体的质量和运动的速度有关。

速度越大，动能就越大；质量越大，动能也越大。动能与物体的质量成正比，与其速度的平方成正比。

6-7　什么叫机械能？

答：物质有规律的运动称为机械运动。机械运动一般表现为宏观运动。物质机械运动所具有的能量叫机械能。

6-8　什么叫热力循环？

答：工质从某一状态点开始，经过一系列的状态变化又回到原来状态点的封闭变化过程叫做热力循环，简称循环。

6-9　闸阀和截止阀有什么区别？各有何优、缺点？

答：闸阀通常安装在管道直径大于100mm的汽、水、油管道上，用于切断介质的流通，而不宜作为调节流量使用。闸阀必须处于全开或全闭位置。闸阀由于闸板与阀座的密封面紧贴，使流动介质方向不变，所以闸阀的流通阻力较小，但是其密封面易磨损、泄漏。

截止阀也叫球形阀。它是由阀座和阀芯所构成的密封面，流体通过截止阀时，必须改变流动方向。因此，截止阀流通阻力较大。另外，截止阀在开启时流动介质冲刷密封面，磨损较快，一般截止阀安装在管道流通直径为100～200mm的汽水管道上，作为预启阀装置使用。截止阀可作为节流装置使用。

6-10　阀门常见的故障有哪些？阀门本体泄漏是什么原因？

答：阀门常见的故障如下。

（1）阀门本体漏。

（2）与阀门杆配合的螺纹套筒的螺纹损坏或阀杆头折断、阀杆弯曲。

（3）阀盖结合面漏。

（4）阀瓣与阀座密封面漏。

（5）阀瓣腐蚀损坏。

（6）阀瓣与阀杆脱离，造成开关不动。

（7）阀瓣、阀座有裂纹。

（8）填料盒泄漏。

（9）阀杆升降滞涩或开关不动。

阀门本体泄露的原因有制造时铸造不良、有裂纹或砂眼、阀体补焊中产生应力裂纹。

6-11　增强传热的方法有哪些？

答：增强传热的方法如下。

（1）提高传热的平均温差。

（2）在一定的金属耗量下增加传热面。

（3）提高传热系数。

6-12　冷却水供水系统的种类有哪些？

答：在火力发电厂生产过程中，需要大量的冷却用水，如冷却汽轮机排汽的冷却水、发电机冷却用水、汽轮发电机组润滑油的冷却水及附属机械的轴承冷却水等。按照水源条件和冷却原理不同，火力发电厂的冷却水供水系统可分为直流式供水系统和循环式供水系统两种。

直流式供水系统是以江河、湖泊或海洋为水源，供水直接由水源引入，经过凝汽器等设备吸热后再返回水源系统，又称为开式供水系统。

循环式供水系统的冷却水是经凝汽器等设备吸热后，进入冷却设备（如喷水池、冷却塔）进行冷却，冷却后的水再由循环水泵升压送回凝汽器，如此反复循环地使用，又称为闭式供水系统。

6-13　简述余热锅炉闸阀的作用。

答：闸阀也叫闸板阀，它是依靠高度光洁、平整一致的闸板密封面与阀座密封面的相互贴合来阻止介质流过的，并装设用顶楔来增强密封效果。在启闭过程中，其阀瓣是沿着阀座中心线的垂直方向移动的。闸阀的主要作用是用来实现开启或关闭管道通路。

6-14　简述余热锅炉截止阀的作用。

答：截止阀是依靠阀杆压力使得阀瓣密封面与阀座紧密贴合，从而阻止介质流通的。截止阀的主要作用是切断或开启管道通路。它也可粗略地调节流量，但不能当做节流阀使用。

6-15　简述余热锅炉节流阀的作用。

答：节流阀也叫针形阀，其外形与截止阀并没有区别，但其阀瓣的形状与截止阀不同、用途也不同。节流阀的主要作用是以改变流通截面的形式来调节介质通过时的流量和压力。

6-16　简述余热锅炉蝶阀的作用。

答：蝶阀的阀瓣是圆盘形的，围绕着一个转轴旋转，其旋角的大小即为阀门的开度。蝶阀的优点是轻巧、结构简单、流动阻力小、开闭迅速、操作方便，它主要用来关断或开启管道通路、节流。

6-17　简述余热锅炉止回阀的作用。

答：止回阀是利用阀前、阀后介质的压力差而自动关闭的阀门，它可以使介质只能沿着一个方向流动而阻止其逆向流动。

6-18　简述余热锅炉安全阀的作用。

答：安全阀是压力容器和管路系统中的安全装置。它可以在系统中的介质压力超过规定值时自动开启、排放部分介质，以防止系统压力继续升高，在介质压力降低到规定值时自动关闭，这样就避免了因容器或管路系统中的压力过度升高、超标而带来的变形、爆破等损坏事故。

6-19　简述余热锅炉减压阀的作用。

答：减压阀的主要作用是可以自动将设备和管道内的介质压力降低到所需的压力，它是依靠其敏感元件（如膜片、弹簧、活塞等）来改变阀瓣与阀座之间的间隙，并依靠介质自身的能量，使介质的出口压力自动保持恒定。

6-20　什么叫锅炉？

答：锅炉是一种生产蒸汽或热水的热力设备，一般由锅和炉两部分组成。所谓锅是指锅炉的汽水系统，所谓炉是指锅炉的风、燃料及燃烧系统。

6-21　什么叫锅炉效率？

答：锅炉效率就是锅炉有效利用热量占输入热量的百分比。

6-22　锅炉酸洗的目的是什么？

答：锅炉酸洗的目的主要是除去锅炉蒸发受热面内氧化铁、铜垢、铁垢等杂质，也有消除二氧化硅、水垢等作用。

6-23　余热锅炉启动方式可分为哪几种？

答：（1）按设备启动前的状态可分为冷态启动和热态启动。当汽包压力大于 2.0MPa 时为热态启动，当汽包压力小于 0.3MPa 时为冷态启动。

（2）按汽轮机冲转参数可分为额定参数、中参数和滑参数启动三种方式。

6-24　何谓虹吸现象？

答：虹吸现象是指水越过高位容器液面流入低位容器液面的现象。

6-25 什么叫绝对压力、表压力？

答： 容器内工质本身的实际压力称为绝对压力，用符号 p 表示。工质的绝对压力与大气压力的差值为表压力，用符号 p_g 表示。因此，表压力就是用表计测量所得的压力，大气压力用符号 p_{atm} 表示。

绝对压力与表压力之间的关系为

$$p_a = p_g + p_{atm}$$

或

$$p_g = p_a - p_{atm}$$

6-26 什么叫真空和真空度？

答： 当容器中的压力低于大气压力时，把低于大气压力的部分叫真空。用符号"p_v"表示。其关系式为

$$p_v = p_{atm} - p_a$$

发电厂有时用百分数表示真空值的大小，称为真空度。真空度是真空值和大气压力比值的百分数，即

$$真空度 = p_v / p_{atm} \times 100\%$$

完全真空时真空度为100%，若工质的绝对压力与大气压力相等时，真空度为零。

6-27 什么叫位能？

答： 由于相互作用，物体之间的相互位置决定的能称为位能。物体所处高度位置不同，受地球的吸引力不同而具有的能，称为重力位能。重力位能由物质的重力（G）和它离地面的高度（h）而定。高度越大，重力位能越大；重力物体越重，位能越大。重力位能为

$$E_p = Gh$$

6-28 什么叫热能？它与什么因素有关？

答： 物体内部大量分子不规则的运动称为热运动。这种热运

动所具有的能量叫热能，它是物体的内能。

热能与物体的温度有关，温度越高，分子运动的速度越快，具有的热能就越大。

6-29 什么叫比热容？影响比热容的主要因素有哪些？

答：单位数量（质量或容积）的物质温度升高（或降低）1℃所吸收（或放出）的热量，称为气体的单位热容量，简称气体的比热容。比热容表示单体数量的物质容纳或储存热量的能力。物质的质量比热容符号为 c，单体为 kJ/(kg·K)。

影响比热容的主要因素有温度和加热条件，一般说来，随着温度的升高，物质比热容的数值也增大；定压加热的比热容大于定容加热的比热容。此外，分子中原子数目、物质性质、气体的压力等因素也会对比热容产生影响。

6-30 什么叫汽化？它分为哪两种形式？

答：物质从液态变成汽态的过程叫汽化。

汽化分为蒸发和沸腾两种形式。

（1）液体表面在任何温度下进行得比较缓慢的汽化现象叫蒸发。

（2）液体表面和内部同时进行的剧烈的汽化现象叫沸腾。

6-31 什么叫干度？什么叫湿度？

答：1kg 湿蒸汽中含有干蒸汽的质量百分数叫做干度，用符号 χ 表示，即

$$\chi = 干蒸汽的质量 / 湿蒸汽的质量$$

干度是湿蒸汽的一个状态参数，它表示湿蒸汽的干燥程度。χ 值越大则蒸汽越干燥。

1kg 湿蒸汽中含有饱和水的质量百分数称为湿度，用符号 $(1-\chi)$ 表示。

6-32 朗肯循环是通过哪些热力设备实施的？各设备的作用是什么？

答：实施朗肯循环的主要设备是蒸汽锅炉、汽轮机、凝汽器和给水泵。

（1）锅炉。包括省煤器、炉膛、水冷壁和过热器，其作用是将给水定压加热，产生过热蒸汽，通过蒸汽管道，送入汽轮机。

（2）汽轮机。蒸汽进入汽轮机绝热膨胀做功，将热能转变为机械能。

（3）凝汽器。作用是将汽轮机排汽在定压下进行冷却，凝结成饱和水，即凝结水。

（4）给水泵。作用是将凝结水在水泵中进行绝热压缩，提升压力后送回锅炉。

6-33 简述朗肯循环的工作过程。

答：作为工质的凝结水用凝结水泵和给水泵将其从凝汽器和给水箱打入锅炉省煤器，这个过程为工质的绝热压缩过程；工质在省煤器内预热，然后进入炉膛水冷壁内，被加热汽化成饱和蒸汽，再进入过热器内加热变成过热蒸汽，这个过程是定压吸热过程；从锅炉出来的过热蒸汽进入汽轮机内膨胀做功，这个过程是绝热膨胀过程；在汽轮机做完功的乏汽在凝汽器内被循环水冷却后等压凝结成水，这个过程是定压放热过程。凝汽器内的凝结水重又被凝结水泵和给水泵送进锅炉。工质如此在热力设备中不断地进行吸热、膨胀、放热和压缩的过程，即是朗肯循环的工作过程。

6-34 影响朗肯循环效率的因素有哪些？

答：朗肯循环效率公式为

$$\eta=(h_1-h_2)/(h_1-h_2^1)$$

可看出 η 取决于过热蒸汽焓 h_1、排汽焓 h_2 以及凝结水焓 h_2^1，而 h_1 由过热蒸汽的初参数压力 p_1、温度 t_1 决定。h_1 和 h_2^1

都由终参数排汽压力 p_2 决定，所以朗肯循环效率取决于过热蒸汽的初参数 p_1、t_1 和终参数 p_2。

初参数（过热蒸汽压力、温度）提高，其他条件不变，热效率将提高；反之，则下降。终参数（排汽压力）下降，初参数不变，则热效率提高；反之，则下降。

6-35 什么是偏差分析法?

答：偏差分析法是机组主要运行参数的实际值与基准值相比较的偏差，通过计算机计算得出对机组的热耗率、煤耗率的影响程度，从而使运行人员根据这些数量，能动地、分主次地去努力减少机组可控热损失，也可用此法来分析运行日报或月报的热经济指标的变化趋势和能耗情况，以提高计划工作的科学性和热经济指标的技术管理水平。任何时候只要有了实际的运行参数，就可以通过编制的微机计算程序计算出偏离基准值的能耗损失量，可随时指导运行分析。

6-36 什么叫循环倍率?

答：循环回路中进入上升管的循环水量 G 与上升管出口处的蒸发量 D 之比叫循环倍率。用符号 K 表示为

$$K=G/D$$

6-37 按布置方式分类，过热器有哪几种形式?

答：按布置方式分类有立式和卧式两种形式的过热器。

6-38 按传热方式分类，过热器的形式有几种?

答：按传热方式分类，过热器的形式如下。

（1）辐射式过热器。如前屏过热器、顶棚管等。

（2）半辐射式过热器。如后屏过热器。

（3）对流过热器。如高温过热器、低温过热器等。

6-39　什么叫换热器？有哪几种形式？

答：用来实现冷热流体间热量交换的设备称为换热器。按工作原理分，换热器有三种形式。

（1）表面式换热器。如过热器、省煤器等。

（2）混合式换热器。如喷水式蒸汽减温器。

（3）蓄热式换热器。如回转式空气预热器。

6-40　卧式布置的过热器有何特点？

答：布置在垂直烟道中的卧式过热器，蛇形管内不易积水，疏水排汽方便。但支吊较困难，支吊件全放在烟道内易烧坏，需用较好的钢材，故近代锅炉常用有工质冷却的受热管子（如省煤器等）作为悬吊管。另外，易积灰、影响传热等。

6-41　什么叫热偏差？

答：在并列工作的受热面管子中，某根管内工质吸热不均的现象叫热偏差。

6-42　什么叫热力不均和水力不均？

答：热力不均就是同一受热面管组中，热负荷不均的现象。

水力不均即蒸汽流过由许多并列管圈组成的过热器管组时，管内的流量不均现象。

6-43　流动阻力分为哪几类？阻力是如何形成的？

答：实际液体在管道中流动时的阻力可分为两种类型：一种是沿程阻力，它是由于液体在管内运行，液体层间以及液体与壁面间的摩擦力而造成的阻力；另一种是局部阻力，它是液体流动时，因局部障碍（如阀门、弯头、扩散管等，而引起液流显著变形以及液体质点间的相互碰撞而产生的阻力。

6-44　减温器的形式有哪些？各有何特点？

答：减温器主要有表面式和混合式两种。

（1）表面式减温器。对减温水质要求不高，但此种减温器调节惰性大，蒸汽温度调节幅度小，而且结构复杂、笨重，易损坏、易渗漏。

（2）混合式减温器。它将水直接喷入过热蒸汽中，以达到降温目的。特点是结构简单、调节幅度大，而且灵敏，易于自动化。但为保证合格的蒸汽品质，混合式减温器对喷水的质量要求很高。

6-45　什么叫层流？什么叫紊流？

答：流体有层流和紊流两种流动状态。

层流是各流体微团彼此平行地分层流动，互不干扰与混杂。

紊流是各流体微团间强烈地混合与掺杂，不仅有沿着主流方向的运动，而且还有垂直于主流方向的运动。

6-46　简述层流、紊流、液体的流动状态用什么来区别。

答：层流是指液体流动过程中，各质点的流线互不混杂、互不干扰的流动状态。

紊流是指液体运行过程中，各质点的流线互相混杂、互相干扰的流动状态。

液体的流动状态是用雷诺数 Re 来判别的。实验表明，液体在圆管内流动时的临界雷诺数 $Rer=2300$。当 $Re\leqslant 2300$ 时，流动为层流；当 $Re>2300$ 时，流动为紊流。

6-47　何谓对流换热？影响对流换热的因素有哪些？

答：对流换热是指流体各部分之间发生相对位移时所引起的热量传递过程。

影响对流换热的因素有对流换热系数、换热面积、热物质与冷物质的温差。

6-48 什么叫比体积和密度？它们之间有什么关系？

答： 单位质量的物质所占有的容积称为比体积。用小写的字母 v 表示，单位为 m^3/kg，即

$$v = V/m$$

式中 m——物质的质量，kg；

V——物质所占有的容积，m^3。

比容的倒数，即单位容积的物质所具有的质量，称为密度，用字母 ρ 表示，单位为 kg/m^3。

比容与密度的关系为 $\rho v=1$，显然比容和密度互为倒数，即比容和密度不是相互独立的两个参数，而是同一个参数的两种不同的表示方法。

6-49 什么叫标准状态？

答： 绝对压力为 1.01325×10^5Pa（1 个标准大气压）、温度为 0℃（273.15K）时的状态称为标准状态。

6-50 什么叫功？单位如何换算？

答： 功是力所作用的物体在力的方向上的位移与作用力的乘积。功的大小由物体在力的作用下，沿力的作用方向移动的位移决定，改变它的位移，就改变了功的大小，可见功不是状态参数，而是与过程有关的一个量。

功的计算式为

$$W = FS$$

式中 W——功，J；

F——作用力，N；

S——位移，m。

单位换算为

$$1J = 1N \cdot m$$

$$1kJ = 2.778 \times 10^{-4} kW \cdot h$$

6-51　什么叫功率？单位如何换算？

答：功率的定义是功与完成功所用的时间之比，也就是单位时间内所做的功。即

$$P = W/t$$

式中　P——功率，W；

W——功，J；

t——做功的时间，s。

换算单位为

$$1W = 1J/s$$

6-52　什么叫热量？

答：高温物体把一部分热能传递给低温物体，其能量的传递多少用热量来度量。物体吸收或放出的热能称为热量。热量传递多少和热力过程有关，只有在能量传递的热力过程中才有功和热量的存在，没有能量传递的热力状态是根本不存在热量的，因此，热量不是状态参数。

6-53　什么叫比焓？

答：在某一状态下单位质量工质比体积为 v，所受压力为 p，为反抗此压力，该工质必须具备 pv 的压力位能。单位质量工质内能和压力位能之和称为比焓。

6-54　什么叫熵？

答：在没有摩擦的平衡过程中，单位质量的工质吸收的热量 q 与工质吸热时的绝对温度 T 的比值叫熵的增加量。其表达式为

$$\Delta s = q/T$$

其中 $\Delta s = s_2 - s_1$ 是熵的变化量，熵的单位是（kJ/kg・k），

若某过程中气体的熵增加，即 $\Delta s > 0$，则表示气体是吸热

过程。

若某过程中气体的熵减少，即 $\Delta s<0$，则表示气体是放热过程。

若某过程中气体的熵不变，即 $\Delta s=0$，则表示气体是绝热过程。

6-55　什么叫循环的热效率？它说明什么问题？

答：工质每完成一个循环所做的净功 ω 和工质在循环中从高温热源吸收的热量 q 的比值叫做循环的热效率，即

$$\eta=\omega/q$$

循环的热效率说明了循环中热转变为功的程度，η 越高，说明工质从热源吸收的热量中转变为功的部分越多；反之，转变为功的部分越少。

6-56　什么叫凝结？水蒸气凝结有什么特点？

答：物质从气态变成液态的现象叫凝结，也叫液化。

水蒸气凝结有以下特点。

（1）一定压力下的水蒸气，必须降到该压力所对应的凝结温度才开始凝结成液体。这个凝结温度也就是液体沸点，压力降低，凝结温度随之降低；反之，凝结温度升高。

（2）在凝结温度下，水从水蒸气中不断吸收热量，水蒸气可以不断凝结成水，并保持温度不变。

6-57　什么叫动态平衡、饱和状态、饱和温度、饱和压力、饱和水、饱和蒸汽？

答：一定压力下汽水共存的密封容器内，液体和蒸汽的分子在不停地运动，有的跑出液面、有的返回液面，当从水中飞出的分子数目等于因相互碰撞而返回水中的分子数时，这种状态称为动态平衡。

处于动态平衡的汽、液共存的状态叫饱和状态。

在饱和状态时，液体和蒸汽的温度相同，这个温度称为饱和温度。

液体和蒸汽的压力也相同，该压力称为饱和压力。

饱和状态的水称为饱和水。

饱和状态下的蒸汽称为饱和蒸汽。

6-58　什么叫湿饱和蒸汽、干饱和蒸汽、过热蒸汽？

答：在水达到饱和温度后，如定压加热，则饱和水开始汽化，在水没有完全汽化之前，含有饱和水的蒸汽叫湿饱和蒸汽，简称湿蒸汽。湿饱和蒸汽继续在定压条件下加热，水完全汽化成蒸汽时的状态叫干饱和蒸汽。干饱和蒸汽继续定压加热，蒸汽温度上升而超过饱和蒸汽温度时，就变成过热蒸汽。

6-59　什么叫临界点？水蒸气的临界参数为多少？

答：随着压力的增高，饱和水线与干饱和蒸汽线逐渐接近，当压力增加到某一数值时，两线相交，相交点即为临界点。临界点的各状态参数称为临界参数，对水蒸气来说，其临界压力$p_c=22.129$MPa，临界温度为$t_c=374.15$℃，临界比体积为$v_c=0.003\,147$m^3/kg。

6-60　什么叫节流？什么叫绝热节流？

答：工质在管内流动时，由于通道截面突然缩小，使工质流速突然增加、压力降低的现象称为节流。

节流过程中如果工质与外界没有热交换，则称为绝热节流。

6-61　什么叫雷诺数？它的大小能说明什么问题？

答：雷诺数用符号“*Re*”表示，流体力学中常用它来判断流体流动的状态，即

$$Re = cd/\nu$$

式中　c——流体的流速，m/s；

d——管道内径，m；

ν——流体的运动黏度，m^2/s。

6-62　何谓流量？何谓平均流速？它与实际流速有什么区别？

答：流体流量是指单位时间内通过过流断面的液体数量。其数量用体积表示，称为体积流量，常用 m^3/s 或 m^3/h 表示；其数量用质量表示，称为质量流量，常用 kg/s 或 kg/h 表示。

平均流速是指过流断面上各点流速的算术平均值。

实际流速与平均流速的区别是过流断面上各点的实际流速是不相同的，而平均流速在过流断面上是相等的（由于取算术平均值而得）。

6-63　何谓准稳态点、准稳态区？

答：在一定的温升率条件下，随着蒸汽对金属放热时间的增长和蒸汽参数的升高，蒸汽对金属的放热系数不断增大，即蒸汽对金属的放热量不断增加，从而使金属部件内的温差不断加大。当调节级的蒸汽温度升到满负荷所对应的蒸汽温度时，蒸汽温度变化率为零，此时金属部件内部温差达到最大值，在温升率变化曲线上这一点称为准稳态点，准稳态点附近的区域为准稳态区。汽轮机启动时进入准稳态区时热应力达到最大值。

6-64　热力学第一定律的含义和实质是什么？它说明了什么问题？

答：热力学第一定律的含义是能量不可能被创造，也不可能消失，可以从一种形态转变成另一种形态。热力学第一定律是能量守恒与转换定律在热力学上的应用。

热力学第一定律的实质是能量守恒与转换定律在热力学上的一种特定应用形式。

热力学第一定律说明了热能与机械能互相转换的可能性及其数值关系。

6-65 简述热力学第二定律。

答：热力学第二定律说明了能量传递和转化的方向、条件、程度。它有两种叙述方法。从能量传递角度来讲，热不可能自发地不付代价地从低温物体传至高温物体；从能量转换角度来讲，不可能制造出从单一热源吸热，使之全部转化成为功而不留下任何其他变化的热力发动机。

6-66 什么叫压红线运行？

答：所谓压红线运行，就是把运行机组的运行工况稳定在设计参数上运行。

第七章

余热锅炉烟气系统

7-1 锅炉正常运行中对烟温偏差有何要求？

答：锅炉正常运行中应控制尾部缩颈两侧烟温差小于 30℃，最大不超过 50℃。

7-2 受热面烟气低温腐蚀有哪些危害？

答：受热面烟气低温腐蚀会使受热面很快穿孔、损坏，严重时只要三四个月就要更换受热面。对锅炉正常运行影响很大，也增加了金属和资金的消耗。与腐蚀同时，还会出现堵灰现象，使烟道通风阻力增加，排烟温度提高，甚至被迫停炉，影响了锅炉安全性和经济性。

7-3 简述余热锅炉烟气系统的作用。

答：余热锅护烟气系统的作用是接收燃气轮机的高温排气，在烟道内布置受热面，通过受热面吸收排气余热，最后把燃气轮机的排气排放至大气。

7-4 简述余热锅炉烟气系统的组成。

答：余热锅护烟气系统包括入口过渡段烟道、余热锅炉本体炉墙、出口烟道、出口烟囱和构架平台楼梯等组件，如图 7-1 所示。

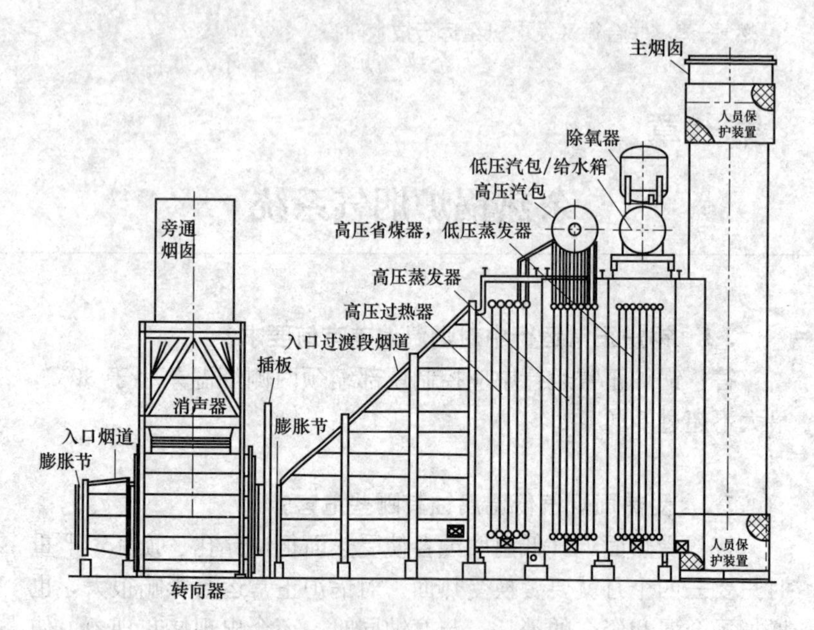

图 7-1 余热锅炉烟气系统组成

7-5 简述余热锅炉烟气入口过渡段烟道的作用。

答： 余热锅炉烟气入口过渡段烟道的作用是将燃气轮机出口烟道与余热锅炉连接起来，并将烟气均匀地分配到锅炉的各个受热面上。内壁耐热不锈钢板之间的接缝处考虑了膨胀和密封的要求。烟气不是轴向排入的余热锅炉，为了保证烟气均匀地流入过热器段，入口过渡段烟道内常常装有导流板。由于烟道受热后要伸长，会对烟道的支架产生热应力，入口过渡段都装有柔性膨胀节，用来吸收锅炉热态运行时所产生的膨胀位移量。

7-6 简述余热锅炉烟气入口过渡段烟道的组成。

答： 入口过渡段烟道一般由内壁耐热不锈钢板、中间保温层和箱体钢板及外壁合金护板组成。在许多联合循环装置中，都在燃气轮机与余热锅炉之间设置旁通烟道，以避免余热锅炉检修或故障时影响燃气轮机正常运行。从燃气轮机排出的高温烟气有两路出口：一路进入余热锅炉，流过各级受热面，从主烟囱排入大气；另一路进入旁通烟囱，排入大气。每路烟道上装有百叶窗式的挡板，余热锅炉入口烟道上装的挡板称入口挡板或隔离挡板，旁通烟道上装的挡板称旁通挡板，如图 7-2（a）所示。有些余热锅炉上，把入口挡板和旁通挡板合二为一，称为转向器挡板或切换挡板，如图 7-2（b）所示。

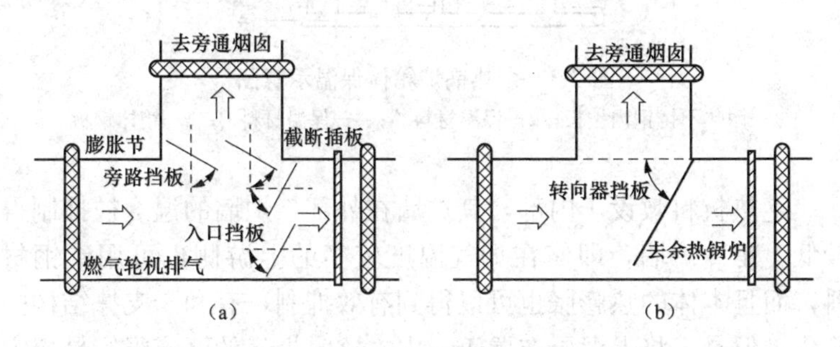

图 7-2　烟气过渡段烟道
（a）旁路挡板；（b）转向器挡板

燃气轮机工作面余热锅炉不工作时，旁通挡板开启，入口挡板关闭。燃气轮机和余热锅炉同时工作时，旁通挡板关闭，入口挡板开启。

7-7　简述余热锅炉本体炉墙的组成。

答： 所有的受热面、联箱和管板都位于一个由钢板焊接制成的密闭围墙之中，即锅炉的炉墙。联合循环余热锅炉烟道内通过的为高温烟气，整个烟道系统为受热元件。余热锅炉本体大都采用轻型炉墙，由支撑架、护板、耐火层、绝热层组成，在锅炉箱体内部或外部敷设绝热材料降低散热损失。经过对护板、烟道的保温，外表面温度能降至 60℃左右，达到设计规范的规定要求。根据保温材料布置地点的不同分为内保温和外保温形式。余热锅炉箱体保温示意如图 7-3 所示。

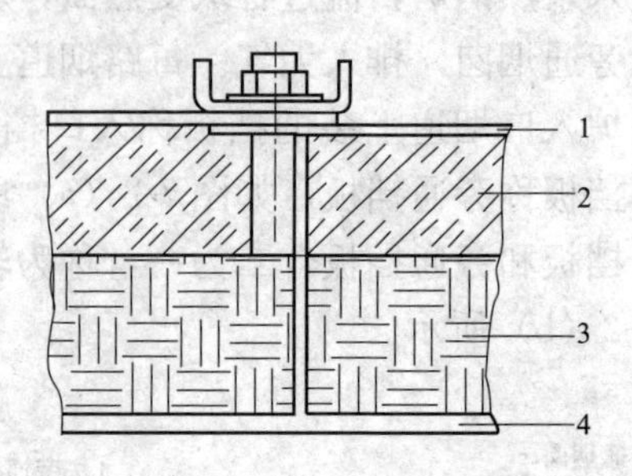

图 7-3 余热锅炉箱体保温示意图

1—耐热不锈钢内护板；2—保温材料 A；3—保温材料 B；4—箱体钢板

绝热材料敷设于内部，其炉墙在外部，炉墙的温度被抑制得较低，是冷炉墙，即使在烟气温度较高的上游侧也可用碳钢材料，而且本体的热膨胀也可以得到有效抑制，有利于支撑结构的简化。但是，将保温层布置于炉内，这时烟气的湍流很容易损害内保温层蒙皮，造成烟气进入保温层而滞留于冷炉墙造成酸腐蚀的现象。

7-8 简述余热锅炉本体炉墙的作用。

答： 在炉墙外表面敷设绝热材料，炉墙直接与热烟气接触，保持高温，因此可有效避免露点现象，不会产生酸腐蚀现象。在余热锅炉停炉时，可以用碱性水直接冲洗受热面，而不会对锅炉造成任何损伤，并可使外部保温，施工简单，但必须考虑热膨胀问题（烧重油的燃气轮机余热锅炉采用这种外保温布置的多，利于对受热面进行冲洗）。

现在由于 9F 级燃气轮机排气温度高，所配备的大型余热锅炉都采用内保温形式，如图 7-4 所示。

图 7-4　某型余热锅炉本体炉墙照片

7-9　简述余热锅炉出口烟道的作用。

答：余热锅炉出口烟道的作用是将余热锅炉与燃气轮机排气烟道连接起来，并将烟气排放至烟囱。

一般卧式余热锅炉在出口烟道的后部也设有非金属膨胀节，以吸收锅炉与烟囱之间的膨胀位移量。立式余热锅炉出口烟道在烟气流动方向上缩口以增加烟气的流动速度，同时也促进热烟气向烟囱上方的流动；立式余热锅炉出口烟道部分无膨胀节。

7-10　简述余热锅炉烟囱的作用。

答：余热锅炉烟囱的作用是将锅炉的废气排放到大气中，一般布置测点以便对废气成分进行抽样并对其进行监测。一般在锅炉烟囱内安装有电动烟囱挡板，能将余热锅炉与大气隔离，以便在停机期间尽可能长时间地保持余热锅炉的温度。同时电动烟囱挡板门还具有防雨的作用。

7-11　试列表说明 9F1 型蒸汽-燃气联合循环余热锅炉烟气系统的设备参数。

答：9F1 型蒸汽-燃气联合循环余热锅炉烟气系统的设备参数见表 7-1。

表 7-1　9F1 型蒸汽-燃气联合循环余热锅炉烟气系统的设备参数

名称	数据（mm）
进口烟道中心线标高	12 060
出口烟道中心线标高	15 275
锅炉宽度（外侧柱）	16 400
进口烟道至烟囱中心线距离（前、后方向）	42 000
炉顶封闭顶标高	37 000
烟囱内径	7000
烟囱高度	80 000

7-12　简述立式自然循环余热锅炉的烟气系统。

答：无锡华光 UG-V94.3-R 型余热锅炉为三压、再热、无补燃、立式自然循环、室内布置余热锅炉。该余热锅炉所有受热面管子水平布置，烟气为垂直流动，受热面内的水和蒸汽的流动都是由自然循环来完成的。余热锅炉采用模块结构，由水平布置的错列螺旋鳍片管和两个联箱组成受热面，各级受热面尺寸基本相似。该余热锅炉内保温装配照片如图 7-5 所示，烟气系统示意图如图 7-6 所示。

图 7-5　UG-V94.3-R 型余热锅炉内保温装配照片

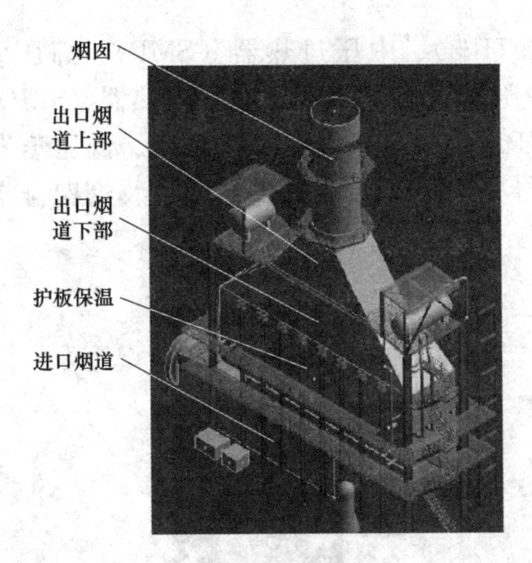

图 7-6　UG-V94.3-R 型余热锅炉烟气系统示意图

该余热锅炉烟气系统由进口烟道及膨胀节、本体炉墙（由钢板焊接而成）、出口烟道、烟囱组成。

锅炉入口转角烟道前设有一个非金属柔性膨胀节，用以吸收锅炉热态运行时所产生的向下及向前的双向位移量，同时具有吸收膨胀量大、隔振、减噪等优点。由于是立式锅炉，出口烟道没有膨胀节。

烟道和炉墙将采用冷护板设计，并使用内保温，内部保温是将硅酸铝纤维棉做成毯状，通过焊接在炉墙板上的不锈钢锚钉来固定，再用不锈钢内衬或用碳钢钢板内衬来保护。

7-13　简述立式自然循环余热锅炉烟气系统的烟气流程。

答：立式自然循环余热锅炉烟气流程：烟气从燃气轮机排出，进入余热锅炉进口烟道；在余热锅炉入口烟道中烟气由水平流动转向垂直向上流动，然后进入锅炉本体，依次冲刷流过高压过热器 3 级（SHP3）、再热器 2 级（RHT2）、高压过热器 2 级（SHP2）、再热器 1 级（RHT1）、高压过热器 1 级（SHP1）、高压蒸发器（VHP）、SCR（催化剂）模块（脱硝装置）、高压省煤器 3 级（EHP3）、中压过热器（SMP）、高压省煤器 2 级（EHP2）、中压蒸发器（VMP）、低压过热器（SLP）、高压省煤器 1 级（EHP1）、中压省煤器（EMP1）、低压蒸发器（VLP）和低压省煤器（ELP）；最后经出口烟道及烟囱排空，如图 7-7 所示。

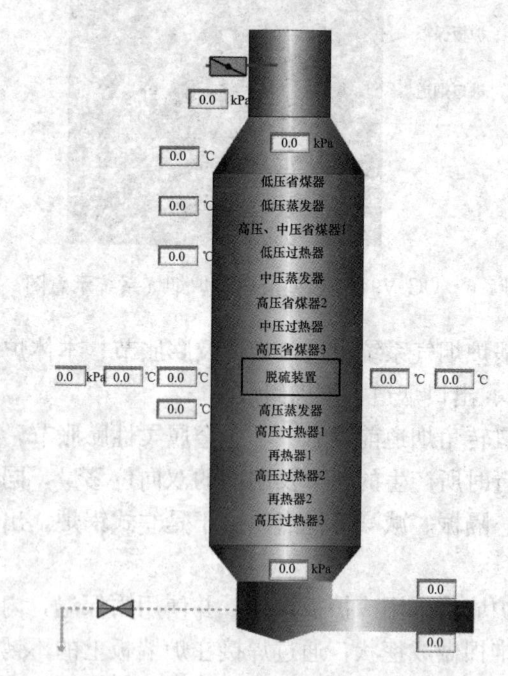

图 7-7 该余热锅炉烟气流程示意图

7-14 简述卧式自然循环余热锅炉烟气系统的组成。

答： 东方日立 DG287/10.67/38.2/3.73/48.2/0.49-M102 余热锅炉为三压、再热、无补燃、卧式自然循环、露天布置的余热锅炉。该余热锅炉烟气系统由进口烟道及膨胀节、本体炉墙（由钢板焊接而成）、出口烟道及膨胀节、烟囱组成，炉膛内照片如图 7-8 所示。

图 7-8　炉膛内照片

（左侧是炉墙最内侧护板，中间是侧墙烟气阻隔板，右侧是受热面管排）

整台锅炉钢架与炉壳组合成自支承型钢结构。炉壳内有保温层与内护板（即构成换热室矩形空间）。该锅炉进口烟道、出口烟道的外壳均为钢板与钢型杆件组合结构。在进口烟道前部设有非金属膨胀节，以吸收锅炉与燃气轮机出口烟道间膨胀位移量。在进口烟道内侧设置了保温层与内护板。在出口烟道的后部也设有非金属膨胀节，以吸收锅炉与烟囱之间的膨胀位移量。在出口烟道前段内侧设置了保温层与内护板，非金属膨胀节之后的出口烟道采用外保温与外护板结构。

烟囱为钢制结构，内径 7m，烟囱的出口标高 80m，并设置排烟取样接口。烟囱设置有必需的步道、平台和楼梯。由于余热锅炉采用卧式布置，烟囱内部设置了挡板，底部又设置排水口，所以烟囱出口不再设防雨装置。

7-15　简述卧式自然循环余热锅炉烟气系统的特点。

答：卧式自然循环余热锅炉烟气系统的特点如下。

（1）底部钢结构柱和梁构件紧贴炉底壳板构成底部承载框架，由柱构件与钢板组成左、右两侧炉壳（外护板），置于底部钢结构之上，顶部由顶板钢结构顶护板组成。锅炉钢架与炉壳组成自支承型钢结构，炉壳内有保温及内护板。

（2）部分柱脚与基础的连接为滑动结构。锅炉本体左右方向膨胀中心在锅炉中心线处，锅炉本体前后方向膨胀中心以第5柱为基准，分别向前、向后膨胀。钢结构达到必要的强度和钢度，按相关要求进行设计。

该余热锅炉也采用内保温结构，在本体炉壳的内侧设置了保温层与内护板。内护板即是换热室内的接触烟气面，因此在结构设计中充分考虑到适应锅炉频繁启停的特性，其结构形式为鳞片式搭接，且在不同烟温区采用不同材质的薄钢板，每块鳞片均由相应的紧固件固定，将其与保温材料以及最外层炉壳组合成一体。本体的保温材料装于内护板与炉壳之间，根据不同的烟温段采用不同的保温层厚度，确保炉壳外表温度不大于50℃（在环境温度25℃时）。

7-16　简述卧式自然循环余热锅炉烟气系统的烟气流程。

答：卧式自然循环余热锅炉烟气系统的烟气流程为燃气轮机排气通过排气过渡段出口进入余热锅炉进口烟道膨胀节，然后流经进口烟道、二级再热器、高压二级过热器、一级再热器、高压一级过热器、高压蒸发器、高压三级省煤器、中压过热器、低压过热器、中压蒸发器、高压二级省煤器、中压省煤器、高压一级省煤器、低压蒸发器、凝结水加热器、出口烟道、出口烟道膨胀节，最后通过烟囱排入大气。

第八章

余热锅炉烟气脱硝系统

8-1 氮氧化物（NO_x）的定义是什么？

答：包含多种化合物，如一氧化二氮（N_2O）、一氧化氮（NO）、二氧化氮（NO_2）、三氧化二氮（N_2O_3）、四氧化二氮 N_2O_4 和五氧化二氮（N_2O_5）等，其中 NO 和 NO_2 是重要的大气污染物，除二氧化氮外，其他 NO_x 均极不稳定。

8-2 氮氧化物控制方法主要有哪些？

答：低 NO_x 燃烧、炉膛喷射脱硝、尾部烟道加装脱硝装置。

8-3 SCR 的全称是什么？

答：SCR 是选择性催化还原法（Selective Catalytic Reduction）的缩写。

8-4 简述 SCR 的原理。

答：是指在催化剂和氧气存在的条件下，在较低的温度范围内（280～420℃）内，还原剂（如氨等）有选择地将烟气中的 NO_x 还原生成水和氮气来减少 NO_x 排放的技术。

8-5 简述 SCR 的工艺特点。

答：SCR 的工艺特点如下。

（1）脱硝效率高，能达 90%以上，是当要求氮氧化物脱除率较高时，经济性最好的工艺。

（2）技术成熟，运行可靠，便于维护。

（3）反应器应对气体混合均匀度、温度、催化剂实际操作情况等比较敏感。

8-6 简述SCR工艺常见的还原剂。

答： SCR工艺常见的还原剂如下。

（1）液氨。常温下无水氨（又称液氨）是无色气体，有恶臭味，通常以加压液化的方式储存，液氨的合格品含量不低于99.6%，转化为气态时会膨胀850倍。由于氨是B2类（高毒性、燃烧性）物质，氨气在其与空气混合物中的浓度为15%～28%，遇到明火会燃烧和爆炸；泄漏时会对人身安全造成相当程度的危害。因此在运输及SCR系统现场使用过程中，都需要采取相应的安全措施。

（2）氨水。常采用浓度为20%～30%，相对液氨而言比较安全，但运输的体积较大，运输的成本相对较高。氨水呈弱碱性和强腐蚀性，对人体有害，在空气中达到一定的浓度时，有爆炸的危险。

（3）尿素。和液氨和氨水相比，尿素是无毒、无害的化学品，为白色或者浅黄色的结晶体，吸湿性较强，易溶于水。尿素需要热解或者水解才能得到氨蒸汽，因此其工艺系统相对比较复杂，设备和运行费用都较高。

8-7 简述SCR的基本操作运行过程主要包含的步骤。

答： SCR的基本操作运行过程主要步骤如下。

（1）氨的准备与储存。

（2）氨被压缩空气雾化并被热烟气蒸发。

（3）氨与热烟气的混合气体在反应器的适当位置喷入烟道，其位置通常在反应器入口附近的烟气管路内。

（4）喷入的混合气体与烟气的混合。

（5）各反应物向催化剂表面的扩散并进行反应。

8-8　简述 SCR 系统运行时的安全注意事项。

答：SCR 系统运行时的安全注意事项如下。

（1）防止催化剂中毒。禁止 SCR 上游产生有毒物质（Na、K、Si、As、P）到 SCR 催化剂。

（2）防止氨气氧化。SCR 投运注氨期间，禁止含有 Pt（铂）、Pd（钯）、Rh（铑）、Ru（钌）、Os（锇）、Ir（铱）的气体或微粒进入 SCR 催化剂，以防止对催化剂性能的不利影响。

（3）在所有条件下，催化剂必须尽可能保持干燥；如果催化剂在安装、储存或实际运行中受潮，其性能将衰减。

（4）在运行和维护期间，为了人身安全和保护设备，禁止撤除任何连锁；没有系统供应商的同意，不要改变连锁或报警的设定点。

（5）防止爆炸危险。保持氨与空气的稀释率。

（6）SCR 催化剂禁止曝露在烟气温度高于 500℃的环境下，否则将导致催化剂加速衰减。

（7）锅炉运行期间禁止关闭喷氨格栅调整阀，以防止对应喷嘴堵塞；由于喷氨格栅调整阀的开度影响氨气喷射的均匀性，所以只有在进行测试后方可操作。

（8）在氨系统运行或停运时，需防止氨气泄漏、污染空气、伤害人身。

8-9　氨逃逸率的定义是什么？

答：在反应器出口处氨的浓度称为氨逃逸率。

8-10　脱硝治理工艺有哪些？

答：脱硝可分为湿法脱硝和干法脱硝。主要包括酸吸收法、碱吸收法、选择性催化还原法、非选择性催化还原法、吸附法、离子体活化法等。

8-11 简述燃烧后 NO_x 的脱除技术。

答：燃烧后 NO_x 的脱除技术如下。

（1）SCR 技术：选择性催化还原法。

（2）SNCR 技术：选择性非催化还原法。

（3）SNCR/SCR 混合法技术：选择性非催化还原和选择性催化还原法的混合技术。

8-12 简述氮气吹扫系统的必要性。

答：气体无水氨和空气混合的浓度为16%～25%时容易发生爆炸，因此，在液氨储存及供应系统用氮气进行吹扫是非常必要的。液氨储存及供应系统保持系统的严密性防止氨气的泄漏和氨气与空气的混合造成爆炸是最关键的安全问题。基于此方面的考虑，在本系统的卸氨压缩机、液氨储罐、液氨蒸发器、氨气缓冲槽等都备有氮气吹扫管线。通过氮气吹扫管线对以上设备分别要进行严格的系统严密性检查和氮气吹扫，防止氨气泄漏和系统中残余的空气混合造成危险。

8-13 简述氨的危害。

答：氨是敏感性气体，很低的浓度即可被察觉。通常10mg/kg即可闻到臭气。即使很少量的氨，一进入眼睛，就会因刺激而流泪。一接触伤口，就会感到剧痛。即是极稀薄的氨气，持续吸入，也会引起食欲减退，并对胃有损害。浓度高的氨气，会直接侵害眼、咽喉等部位，引起呼吸困难，支气管炎，肺炎等，严重时会导致死亡。液氨及高浓度的氨，一旦进入眼睛，不仅感到疼痛，而且会溶入泪水之中，侵害眼内部。不仅要长期治疗，还可能使视力减退，甚至失明。液氨如直接接触皮肤，会引起烫伤、冻伤等。

8-14 氨中毒后的处理方法是什么？

答：无论何种场合，首先要把患者运到无氨气的安全场所，在 20℃左右的温暖房间内保持安静，并尽快联系医生接受治疗。对神志不清的患者，千万不要从口中喂食。如果患者能够饮用饮料应给以大量的 0.5％柠檬酸溶液或柠檬水。

（1）对皮肤的处置。立刻脱去全部脏衣服，将受损的部位用充足的冷水冲洗 10min 以上；然后用柠檬汁、柠檬酸或 2％醋酸、2％硼酸水冲洗；最后再一次用清水洗净。千万不要在受伤部位涂软膏之类的药。要用布把伤口盖上，并用硫代硫酸钠饱和溶液使布湿润。

（2）溅入眼部的处理。立刻用充足的清水不断地一边洗眼一边让医生诊断。如果要用 5％硼酸水来冲洗，在准备硼酸水的过程中也必须用水不断地洗眼。重要的是力求尽快地将局部的氨完全除去，这对今后的康复有很大的好处。

（3）吸入体内的处置。如呼吸停止应马上进行人工呼吸。这时为了不伤及肺最好用口对口呼吸法，当呼吸已变得很弱时，用 2％硼酸水洗鼻腔让其咳嗽。

8-15　燃烧过程中 NO_x 的生成机理是什么？

答：燃烧过程中生成的 NO_x 有如下三种。

（1）热力型 NO_x。是指空气中的 N_2 与 O_2 在高温条件下反应生成的 NO_x。温度对热力型 NO_x 的生成具有决定性作用，随着温度的升高，热力型 NO_x 的生成速度按指数规律迅速增长。过量空气系数和烟气停留时间对热力型 NO_x 的生成有很大影响。

（2）快速型 NO_x。主要是指燃料中碳氢化合物在燃料浓度较高的区域燃烧时所产生的烃，与燃烧空气中的 N_2 发生反应，形成的 CN 和 HCN 继续氧化而生成的 NO_x。

（3）燃料型 NO_x。是指燃料中含有氮的化合物在燃烧过程中氧化而生成的 NO_x。燃料型 NO_x 的生成和还原过程十分复杂，它们有多种可能的反应途径和众多的反应方程式。但是几乎所有的试验都表明，过量空气系数越高，NO_x 的生成和转化率也越高。

8-16 简述低氧燃烧的原理。

答： 低氧燃烧的主要原理就是降低燃烧过程中氧的浓度。降低氧浓度有助于控制 NO_x 生成，同时对于降低锅炉的排烟热损失、提高锅炉热效率也非常有利。对于每种燃气轮机，过量空气系数对 NO_x 的影响程度不同，因而在采用低氧燃烧后，NO_x 降低的程度也不可能相同，因而在采用低氧燃烧后，NO_x 降低的程度也不可能相同，应通过试验来确定低氧燃烧的效果。实现低氧燃烧，必须准确控制各燃烧器的燃料与空气的分配，并使燃烧器内燃料和空气平衡。

8-17 简述选择性非催化还原的定义。

答： 选择性非催化还原（Selective Non-Catalytic Reduction，SNCR）是指无催化剂的作用下，在适合脱硝反应的“温度窗口”内喷入还原剂将烟气中的氮氧化物还原为无害的氮气和水。该技术一般采用炉内喷氨、尿素或氢氨酸作为还原剂还原 NO_x。还原剂只和烟气中的 NO_x 反应，一般不与氧反应，该技术不采用催化剂，因此这种方法被称为选择性非催化还原法（SNCR）。由于该工艺不用催化剂，所以必须在高温区加入还原剂。还原剂喷入炉膛温度为 850～1100℃的区域，迅速热分解成 NH_3，与烟气中的 NO_x 反应生成 N_2 和水。

采用 NH_3 作为还原剂，在温度为 900～1100℃的范围内，还原 NO_x 的化学反应方程式主要为

$$4NH_3 + 4NO + O_2 —— 4N_2 + 6H_2O$$

$$4NH_3 + 2NO + 2O_2 —— 3N_2 + 6H_2O$$

$$8NH_3 + 6NO_2 —— 7N_2 + 12H_2O$$

由于 SNCR 要求的喷氨温度远高于燃气轮机排烟温度，故余热锅炉不采用 SNCR 或 SNCR/SCR 联合脱硝工艺。

8-18　简述余热锅炉脱硝系统的构成。

答：余热锅炉脱硝系统相对比较简单，SCR脱硝系统主要由氨水储存供给单元、氨制备单元、喷氨栅格（AIG）和催化剂层组成。主要由卸氨泵、氨水储罐、输氨泵、脱硝风机、氨水蒸发槽、喷氨栅格、净烟气测量栅格、废液泵和管路阀门等设备部件以及控制设备组成。脱硝系统 NO_x 脱除率不小于85%。脱硝系统可用率不小于98%设计。

SCR脱硝系统的催化剂层安装在余热锅炉受热面高压省煤器和中压过热器之间。输氨泵把氨水输送到氨蒸发槽喷嘴处，经压缩空气雾化进入氨蒸发槽；脱硝风机抽取部分热烟气进入蒸发槽底部，雾化的氨水被热烟气加热气化，随烟气进入喷氨栅格（AIG），与炉内的烟气均匀混合后在催化剂表面反应，氮氧化物被还原为氮气和水。

8-19　简述氨水系统。

答：氨水系统包括氨水的卸载、储存和输送供应。通过专用槽车将氨水（20%，质量分数）定期注入到氨水储罐，氨水溶液储存在氨水罐中，氨水罐按照常压设计，并配有压力平衡装置（真空破坏器）以及温度计、液位计等附件。当氨水储罐内压力过低时空气将通过真空破坏器进入氨水储罐，防止出现真空；氨水经过输氨泵（一用一备）和氨水流量控制装置输送到蒸发器入口，分别向两台余热锅炉的氨蒸发器供应氨水，泵出口设置自力式压力调节阀，保证氨泵流量稳定。

氨水系统如图8-1示。系统包含以下设备。

（1）2台卸氨泵。

（2）1台20%氨水储罐。

（3）2台氨供应泵。

（4）管路、阀门及仪表等。

（5）主要测量仪表，如氨水流量计、氨气泄露检测仪、就地液位计等。

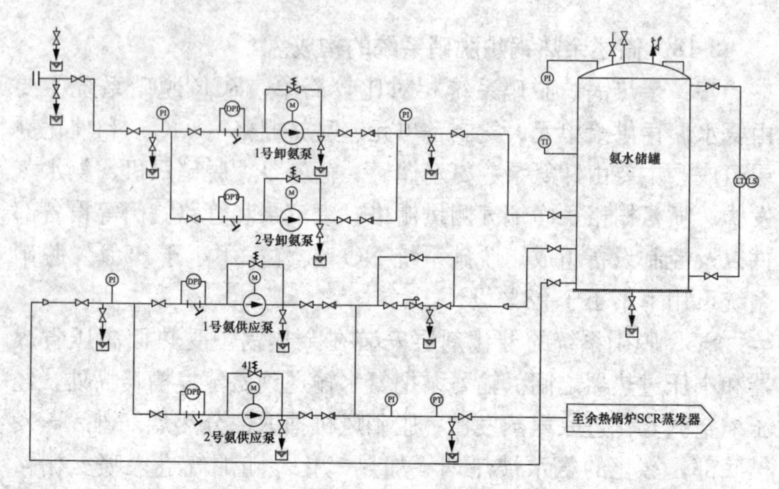

图 8-1 氨水系统

8-20 简述氨气系统。

答：氨气系统包括氨蒸发设备和喷射装置。

每台余热锅炉设有一套氨气系统（如图 8-2 所示），在氨水

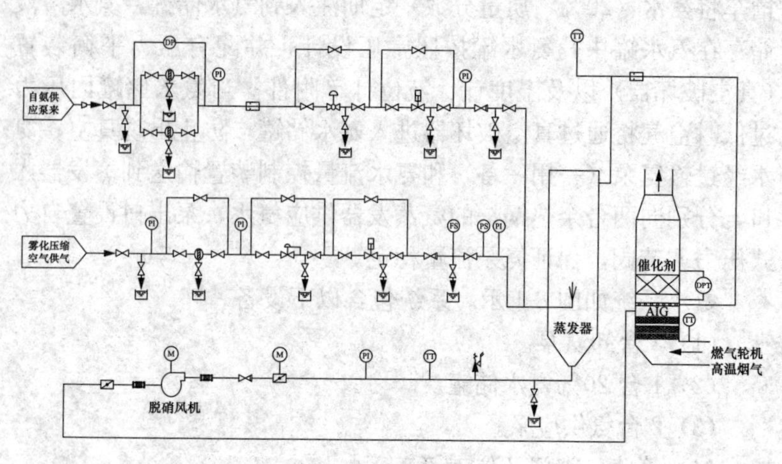

图 8-2 氨气系统

蒸发系统中，氨水采用双流体喷嘴雾化，压缩空气将氨水雾化成微小的颗粒，以确保蒸发时间缩短；雾化风机把从 SCR 反应器上游烟道抽出的热烟气（325℃）吹入蒸发器，使氨水迅速蒸发，蒸发后的氨水和烟气的混合物一同进入喷射格栅母管，通过调整各喷射格栅流量控制控制阀，氨进入布置在 SCR 反应器上游的喷氨格栅，氨喷射入烟道，与烟气中的氮氧化物进行反应。

氨蒸发设备与喷射装置包含雾化风机，氨水蒸发槽，喷氨格栅，氨水过滤器，压缩空气过滤器，管路、阀门及仪表等主要设备。

脱硝风机是以往脱硝系统中易出现问题的设备，常规设计中为一用一备，防止其发生故障影响脱硝系统的正常投运。有些电厂受场地狭窄限制，每台余热锅炉都仅设 1 台脱硝风机，没有备用风机。

目前脱硝工艺上采取新的喷氨方式：不设脱硝风机，直接用压缩空气把氨水喷入炉内，完全消除了风机的不利影响，但脱硝效果如何还需要运行实例证明。

8-21　喷氨格栅的定义是什么？作用是什么？简述喷氨格栅的构成。

答：喷氨格栅是将还原剂均匀喷入烟气中的装置。

喷氨格栅主要作用是使含氨烟气均匀分布在锅炉截面，与烟气混合均匀后反应。

每台炉的喷氨格栅对应 21 个区，每个区 18 个喷枪（每面 9 个），每个喷枪 6 个喷射孔，共 2268 个喷射孔。每个区的喷氨量由一个蝶阀控制，确保氨气和烟气混合均匀。喷氨格栅外观如图 8-3 所示。

图 8-3　喷氨格栅外观图

8-22　简述输氨螺杆泵（G 型单螺杆泵）的构成及工作原理。

答： G 型单螺杆泵是按迴转啮合容积式原理工作的新型泵种，主要由驱动电动机、定子及转子等部件组成，主要工作部件是偏心螺杆（转子）和固定的衬套（定子），传动采用联轴器直接传动，如图 8-4 所示。

图 8-4　输氨螺杆泵外形图

G 型单螺杆泵工作时转子由电动机驱动，在定子内作行星转动，相互配合的转子和定子的弹性衬套形成了几个互不相通的密封空腔。由于转子的转动，密封空腔沿轴向由吸入端向排出端方向运动，介质在空腔内连续地由吸入端输向排出端。由于相互配合的转子和定子的弹性衬套的特殊几何形状，分别形成单独的密封容腔，介质由轴向均匀推行流动，内部流速低，容积保持不变，压力稳定，因而不会产生涡流和搅动。

8-23 简述波纹蜂窝式催化剂。

答：催化剂为SCR系统核心部件，直接影响到SCR系统运行效果。在催化剂的作用下，氨气与烟气中的氮氧化物进行反应，实现脱硝的目的。如图8-5和图8-6所示。

图8-5 催化剂模块外形图

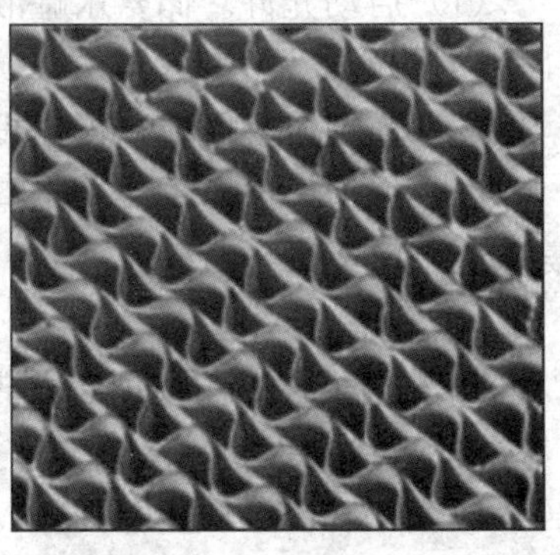

图8-6 波纹板蜂窝式催化剂

丹麦HALDOR TOPSOE公司生产的波纹蜂窝式催化剂最佳活性温度范围为315～425℃，孔径或间距为2.2～3.1mm，基材为玻璃纤维活性物质钛-钒。催化剂采用模块化，总体布置1层。

8-24 简述脱硝风机的构成及工作原理。

答：风机由叶轮、机壳、进风口、传动组、密封件、机座等组成，采用局部组装结构。叶轮叶型按新的高效前向风机理论进行设计。叶轮成形后经静、动平衡校正，运转平稳、可靠。机壳用钢板焊接而成蜗形壳整体。进风口制成收敛式流线型的整体结构，用螺栓与前盖板组固定。传动组由主轴、轴承箱、联轴器等组成。

脱硝风机的工作原理：气体由进气箱（风道）引入，通过导流器调节进风量，然后经过集流器引入叶轮吸入口，通过叶片的挤压做功提高其能量，流出叶轮的气体经扩压器升压后引出。

8-25 氨供应泵（以1号为例）的连锁保护逻辑是什么？

答：氨供应泵的连锁保护逻辑如下。

（1）启动允许。储氨水罐液位低报警取非且启动氨供应泵按钮手动投入。

（2）连锁启动逻辑。连锁投入且2号泵跳闸。

（3）保护停。氨供应泵出口母管压力小于0.3MPa，且1号氨供应泵已运行延时60s，且2号氨供应泵已停。

8-26 简述脱硝风机的保护逻辑。

答：（1）启动允许：（以下条件“与”）

1）鼓风机入口电动门已关。

2）鼓风机出口电动门已开。

3）SCR系统允许启动按钮手动投入。

4）SCR进口烟气温度大于290℃。

5）燃气轮机跳闸取非。

（2）连锁停止：鼓风机已运行延时60s，且出口电动门已关，且出口电动门已开取非。

8-27 简述脱硝风机入口电动门的保护逻辑。

答：（1）启动允许：（以下条件“与”）

1）SCR系统允许启动按钮手动投入。

2）SCR进口烟气温度大于290℃。

3）燃气轮机跳闸取非。

（2）连锁启动：鼓风机已运行延时2s发3s脉冲。

8-28　简述脱硝风机出口电动门的保护逻辑。

答：（1）启动允许：（以下条件“与”）

1）SCR系统允许启动按钮手动投入。

2）SCR进口烟气温度大于290℃。

3）燃气轮机跳闸取非。

（2）连锁启动：脱硝风机已运行延时2s发3s脉冲。

（3）停止允许：脱硝风机已停。

（4）连锁停止：脱硝风机已停延时3s发3s脉冲。

8-29　简述压缩空气关断阀的保护逻辑。

答：打开允许：（以下条件“与”）

（1）SCR系统允许启动按钮手动投入。

（2）SCR进口烟气温度大于290℃。

（3）燃气轮机跳闸取非。

8-30　简述氨流量关断阀的保护逻辑。

答：（1）启动允许：（以下条件“与”）。

1）SCR系统允许启动按钮手动投入。

2）SCR进口烟气温度大于290℃。

3）燃气轮机跳闸取非。

4）喷氨格栅进口流量大于3500kg/h。

5）压缩空气压力低报警取非。

6）压缩空气流量低报警取非。

（2）保护停止：（以下条件“或”）。

1）压缩空气压力低报警。

2）压缩空气流量低报警。

3）蒸发器出口氨气温度小于120℃。

4）喷氨格栅进口流量低，小于3000kg/h。

5）SCR进口烟气温度小于285℃（脱硝装置进口烟温三取均）。

8-31　简述氨流量调节阀的保护逻辑。

答：（1）允许开：氨流量关断阀已开。

（2）自动开环：

1）氨水流量坏点。

2）余热锅炉 SCR 入口烟气 NO_x 含量坏点。

3）余热锅炉 SCR 出口烟气 NO_x 含量坏点。

4）氨流量调节阀指令与反馈偏差大于 20。

8-32　简述氨流量控制调节阀自动控制的主要目的。

答：氨流量控制是为了维持余热锅炉 SCR 出口烟气 NOx 含量的稳定，保证余热锅炉烟气排放的环保。采用氨流量调节阀来调节脱硝的喷氨量达到控制烟气中的 NOx 的含量，为单回路控制系统。

8-33　简述立式余热锅炉脱硝系统卸氨操作步骤。

答：立式余热锅炉脱硝系统卸氨操作步骤如下。

（1）检查与脱硝系统投运有关的工作票已终结，现场清理干净。

（2）确认卸氨系统泵体送电完毕。

（3）确认卸氨系统各就地仪表、远传测点状态正常，显示准确。

（4）确认氨储罐氨气回流门 1 已全开。

（5）确认氨储罐氨气回流门 2 已全开。

（6）确认氨储罐氨气回流疏水阀已全关。

（7）确认卸氨管隔离阀已全开。

（8）确认卸氨泵进口母管隔离阀已全开。

（9）确认卸氨管疏水阀已全关。

（10）确认卸氨泵进口母管疏水阀已全关。

（11）确认 1 号卸氨泵入口阀已全开。

（12）确认 1 号卸氨泵出口阀已全开。

（13）确认1号卸氨泵出口疏水阀已全关。

（14）确认2号卸氨泵入口阀已全开。

（15）确认2号卸氨泵出口阀已全开。

（16）确认2号卸氨泵出口疏水阀已全关。

（17）确认卸氨泵出口母管隔离阀已全开。

（18）确认卸氨泵出口母管疏水阀已全关。

（19）确认氨罐进口阀已全开。

（20）确认氨水罐车与卸氨管道已连接完成。

（21）确认氨水罐车与氨罐顶部排气管道已连接完成。

（22）启动1号卸氨泵。

（23）缓慢操作，维持卸氨时间在5h以上。

（24）定期巡检，待氨水罐车氨水液位低位时通知厂家。

（25）停运1号卸氨泵。

（26）确认氨储罐氨气回流门2已全关。

（27）确认卸氨管隔离阀已全关。

（28）确认卸氨泵进口母管隔离阀已全关。

（29）确认1号卸氨泵入口阀已全关。

（30）确认1号卸氨泵出口阀已全关。

（31）确认2号卸氨泵入口阀已全关。

（32）确认2号卸氨泵出口阀已全关。

（33）确认卸氨泵出口母管隔离阀已全关。

8-34　简述立式余热锅炉脱硝系统投运操作步骤。

答：立式余热锅炉脱硝系统投运操作步骤如下。

（1）检查与余热锅炉脱销系统有关的工作票已终结，现场清理干净，栏杆警示牌已恢复。

（2）确认所有与余热锅炉脱销系统相关电动阀已送电及各气动调节阀控制气源投入且动作正常。

（3）确认余热锅炉脱销系统热工仪表显示正常、齐全且正常投入。

（4）余热锅炉脱销系统各电动机、电动门送电。

（5）确认储氨罐水位正常，各参数正常。

（6）检查氨罐出口阀已开启。

（7）检查氨供应泵进口母管隔离阀已开启。

（8）检查氨供应泵进口母管疏水阀已关闭。

（9）检查氨供应泵入口阀已开启。

（10）检查氨供应泵出口阀已开启。

（11）检查氨输送泵出口回流压力调节阀已开启。

（12）检查氨输送泵出口回流压力调节阀前截止阀已开启。

（13）检查氨输送泵出口回流压力调节阀后截止阀已开启。

（14）检查氨输送泵出口回流压力调节阀后疏水阀已关闭。

（15）检查氨输送泵出口回流压力调节阀旁路阀已关闭。

（16）检查氨输送泵出口母管隔离阀已开启。

（17）检查氨输送泵出口母管疏水阀已关闭。

（18）检查氨输送泵出口母管隔离阀后一次门已开启。

（19）检查氨输送泵出口母管隔离阀后二次门已开启。

（20）检查炉蒸发槽氨进蒸发区隔离阀已开启。

（21）检查炉蒸发槽氨供应泵至氨蒸发槽入口疏水隔离阀已关闭。

（22）检查炉蒸发槽氨过滤器进口阀已开启。

（23）检查炉蒸发槽氨过滤器出口阀已开启。

（24）检查炉蒸发槽氨过滤器进口阀已开启。

（25）检查炉蒸发槽氨过滤器出口阀已开启。

（26）检查炉蒸发槽氨过滤器疏水隔离阀已关闭。

（27）检查炉蒸发槽氨过滤器疏水隔离阀已关闭。

（28）检查炉蒸发槽氨水流量调节阀在关闭位。

（29）检查炉蒸发槽氨水流量调节阀前隔离阀已开启。

（30）检查炉蒸发槽氨水流量调节阀后隔离阀已开启。

（31）检查炉蒸发槽氨水流量调节阀旁路阀已关闭。

（32）检查炉蒸发槽氨水关断阀在关闭位。

（33）检查炉蒸发槽氨关断阀前隔离阀已开启。

（34）检查炉蒸发槽氨关断阀后隔离阀已开启。

（35）检查炉蒸发槽氨关断阀旁路阀已关闭。

（36）检查炉蒸发槽氨进蒸发区隔离阀已开启。

（37）检查炉蒸发槽氨流量调节阀后疏水隔离阀已关闭。

（38）检查炉蒸发槽氨关断阀后疏水隔离阀已关闭。

（39）检查炉蒸发槽供氨止回阀后疏水隔离阀已关闭。

（40）检查炉蒸发槽压缩空气进蒸发区隔离阀已开启。

（41）检查炉蒸发槽压缩空气过滤器入口隔离阀已开启。

（42）检查炉蒸发槽压缩空气过滤器出口隔离阀已开启。

（43）检查炉蒸发槽压缩空气过滤器旁路阀已开启。

（44）检查炉蒸发槽压缩空气压力调节阀已开启。

（45）检查炉蒸发槽压缩空气压力调节阀前截止阀已开启。

（46）检查炉蒸发槽压缩空气压力调节阀后截止阀已开启。

（47）检查炉蒸发槽压缩空气压力调节阀旁路阀已开启。

（48）检查炉蒸发槽压缩空气关断阀已开启。

（49）检查炉蒸发槽压缩空气关断阀前截止阀已开启。

（50）检查炉蒸发槽压缩空气关断阀后截止阀已开启。

（51）检查炉蒸发槽压缩空气关断阀旁路阀已开启。

（52）检查炉蒸发槽蒸发区压缩空气隔离阀已开启。

（53）检查炉蒸发槽压缩空气入口疏水隔离阀已关闭。

（54）检查炉蒸发槽压缩空气过滤器疏水隔离阀已关闭。

8-35　试对立式余热锅炉脱硝系统卸氨操作进行危险点、危险源分析。

答：（1）卸氨过程中可能发生的危险点是可燃气体的爆炸、气体中毒、氨水泄漏。

（2）卸氨过程中发生危害的后果是爆炸、氨气中毒、泄漏污染。

（3）防止发生危害的操作措施是保证通风检查设备完整、保持氨区内通风、佩戴防毒面具、按时巡检。

8-36 试对立式余热锅炉脱硝系统投运进行危险点、危险源分析。

答：（1）投入的过程中可能发生的危险点是可燃气体爆炸、送电时触电、氨水泄漏。

（2）投入的过程中发生危害的后果是爆炸、人身触电、泄漏污染。

（3）防止发生危害的操作措施是保证通风检查设备完整、执行电气倒闸操作票、按时巡检。

8-37 简述 SCR 系统优化、安全经济运行的主要方法。

答：SCR 系统优化、安全经济运行的主要方法如下。

（1）系统正常运行后，通过蒸发槽氨水流量调节阀的开度的大小来实现出口烟气中所含的 NO_x 含量满足所需求的标准。

（2）定期清理催化剂表面和孔内积灰。

（3）及时对 NO_x/O_2 分析仪进行校准。

8-38 简述 SCR 的反应区域。

答：脱硝系统 SCR 反应区域即催化剂在锅炉烟道内，安装在高压蒸发器下游。烟气从燃气轮机排出，进入进口烟道。在进口烟道中烟气由水平流动转向垂直向上流动，然后进入锅炉本体，依次冲刷第五层模块、第四层模块、SCR 模块、第三层模块、第二层模块、第一层模块，最后经出口烟道及烟囱排出。烟道内脱硝装置全部阻力不大于 520Pa。

余热锅炉模块分布见表 8-1。

表 8-1　　余热锅炉模块分布表

项目	一层模块	二层模块	三层模块	SCR 模块	四层模块	五层模块
受热面名称	低压省煤器	低压过热器	高压省煤器 3 级	SCR	高压蒸发器	高压过热器 3 级
		高压省煤器 1 级	中压过热器			再热器 2 级
		中压省煤器	高压省煤器 2 级			高压过热器 2 级
		低压蒸发器	中压蒸发器			再热器 1 级
						高压过热器 1 级

8-39　简述 SCR 维护工作的重点。

答： SCR 维护工作的重点如下。

（1）观察整个系统，包括手动阀门、仪表、风机、泵等。启动运行前及关闭后至少轮班检查一次。

（2）每天检查氨水泄漏情况及气味。

（3）至少每周和每次加载前检查洗眼器和淋浴器。

（4）每周一次及加载前检查喷淋系统。

（5）按提供的说明书维护设备和仪表。

（6）出于安全和健康原因，所有含 NH_4OH 的管路检修打开前必须先用水冲洗。

（7）冲洗时，用软管连接清洗水和管路及废水池。

（8）用废水泵集中处理废水。

8-40　简述立式余热锅炉脱硝系统需要监视的数据。

答： 立式余热锅炉脱硝系统需要监视的数据见表 8-2。

表 8-2　　　　立式余热锅炉脱硝系统需要监视的数据

序号	测量项目	符号	单位	测点位置
1	SCR 入口温度	t_e	℃	SCR 入口
2	SCR 出口温度	t_e	℃	SCR 出口
3	SCR 出口流量	q_q	kg/h	SCR 出口
4	轴封联箱母管温度	t_{w2}	℃	轴封母管
5	压缩空气压力	p_{SQ}	MPa	压缩空气管路
6	氨供应泵出口母管压力	p_{SQ}	MPa	氨供应泵出口母管

8-41　简述立式余热锅炉脱硝系统巡检标准。

答： 立式余热锅炉脱硝系统巡检标准见表 8-3。

表 8-3　　　　立式余热锅炉脱硝系统巡检标准

项　目		巡检项目	标准
脱硝氨区	环境	环境	干燥，通风良好
	无泄漏	无氨水味道	无异味
	控制柜	状态	正常、无报警
		输送泵/卸氨泵	远方/就地
脱硝风机	本体	轴承振动	小于 0.07mm
		轴承温度	小于 80℃
		电动机外壳温度	小于 60℃

8-42　简述卸氨设备的维护。

答： 卸氨站内需要常规注意的是卸氨泵和 NH_4OH 过滤器。加载及卸载过程中，经过过滤器的压差不能超过保护值。如果达到这个压差，就要清洗过滤器了。

8-43　简述加氨系统的维护。

答： 加氨系统内需要常规注意的是加氨泵和 NH_4OH 过滤器。运行时，经过过滤器的压差不能超过保护值。如果达到这个压差，就要清洗过滤器了。加氨泵要按厂家提供的检修手册进行维护。建议每个月至少打开 1 次加氨泵间的切换开关。

8-44　简述稀释风机的维护。

答： SCR 系统要加强维护的部件是稀释风机。建议稀释风机间的切换开关每月至少打开 1 次。

8-45　简述加氨泵检修安全措施。

答： 加氨泵检修安全措施如下。

(1) 加氨泵停电，在开关把手上悬挂“禁止合闸、有人工作”警告牌。

(2) 关闭加氨泵进、入口门，在阀门上悬挂“禁止操作、有人工作”警告牌。

(3) 打开加氨泵入口排污阀，放尽管道氨水。

8-46　简述氨气泄漏的原因、采取的预防措施及出现氨气泄漏事故时采取的处理措施。

答： (1) 氨气泄漏的原因是系统的管道、阀门等出现故障。

(2) 采取的预防措施如下。

1) 系统安装的所有设备材料必须满足存储液氨及氨气的需要，严禁使用红铜、黄铜、锌、镀锌的钢、包含合金的铜及铸铁零件。

2) 系统要进行严密性试验，确保系统不存在泄漏的地方。

3) 除运行人员定期对液氨蒸发系统进行检查外，值班人员也要利用便携式氨气监测仪对系统周围进行检测，确保系统无泄漏。

(3) 出现氨气泄漏事故时采取的处理措施如下。

1) 发生氨气泄漏时立即启动现场的水喷淋系统来控制泄漏的氨气，为防止吸收氨气后的水造成二次污染，应立即启动废水泵。

2) 及时通知相关部门和领导，撤离受影响区域的所有无关人员；立即组织人员隔离所有泄漏设备及系统；在保证人员安全的情况下，及时清理所有可能燃烧的物品及阻碍通风的障碍物，保持泄漏区域内通风畅通。

3）所有参加泄漏处理的人员都必须穿戴好个人保护用品后，方可进入泄漏区域，开展事故处理工作。

8-47 简述工作人员因为接触到氨气而受到伤害的原因、应采取的预防措施及不小心接触到氨气而受到伤害时需采取的措施。

答：（1）工作人员因为接触到氨气而受到伤害的原因是工作人员不小心接触到泄漏出来的氨。

（2）采取的预防措施如下。

1）在调试过程中严格注意防止氨气的泄漏。

2）工作人员处理氨气泄漏问题时需穿戴好个人保护用品，不参加泄漏问题处理的无关人员必须远离氨气泄漏的地方，而且必须站在上风方向。

（3）工作人员不小心接触到氨气而受到伤害时需采取的措施如下。

1）如果工作人员因为吸入氨气过量而中毒，应使中毒人员迅速离开现场，转移到空气清新处，保持呼吸道畅通，并等待医务人员或送往就近医院进行抢救。

2）如果工作人员皮肤接触到氨气，应立即除去受污染的衣物，用大量的清水冲洗皮肤或用3%的硼酸溶液冲洗。

3）如果工作人员眼睛受到氨气的伤害，则必须立即翻开上、下眼睑，用流动的清水或生理盐水冲洗至少20min，并送医院急救。

8-48 简述液氨储存及供应系统设备安全阀保护动作的原因、应采取的措施及出现安全阀保护动作情况时采取的处理措施。

答：（1）液氨储存及供应系统设备安全阀保护动作的原因是

安全阀压力整定值过低或者设备的压力过高。

（2）采取的预防措施如下。

1）安全阀在安装之前，要求安装单位把安全阀拿到有资质的单位进行校验，并出具校验合格证明书。

2）设备的氨气检测装置和压力检测装置经过校验，正常工作。

（3）出现安全阀保护动作情况时采取的处理措施如下。

1）启动废氨处理系统，确保从安全阀排出的氨气能够在吸收槽被水及时稀释，并被废水泵打至废水处理系统。

2）迅速关闭设备入口和出口的控制阀门。

8-49　简述液氨储罐自动淋水装置启动的原因、应采取的措施及出现液氨储罐自动淋水情况时采取的处理措施。

答：（1）液氨储罐自动淋水装置启动的原因是液氨储罐内温度、压力过高或有氨气泄漏。

（2）采取的预防措施如下。

1）液氨储罐有防太阳辐射措施，四周安装有消防水喷淋管线及喷嘴，当液氨储罐罐体温度过高或压力过高时自动淋水装置启动，对液氨储罐进行自动喷淋降温。

2）当有微量氨气泄漏时也可启动自动淋水装置，对氨气进行吸收，控制氨气污染。

（3）出现液氨储罐自动淋水情况时采取的处理措施如下。

1）控制自动喷淋的水至废水处理系统，避免二次污染。

2）采取必要的安全隔离措施，避免无关人员误入氨区。

8-50　SCR脱硝系统反应器的维护重点是什么？

答：对SCR脱硝系统有计划的安排定期检查，同时进行必要的修复、处理和部件更换，才能达到脱硝系统运行最大可靠性和安全性。

（1）喷氨格栅（AIG）必须由维护人员定期进行检查。脱硝效率达到设计值，必须保证进入到烟道中的氨均匀分布在烟道断面，因此应根据机组停机机会定期检查喷氨格栅上喷嘴是否有堵塞现象。

（2）催化剂保护必须由运行、维护人员做好日常维护。必须保持SCR催化剂在储存和维护期间干燥。立式锅炉因受热面模块由下向上水平布置，通过关闭出口烟道挡板门隔离SCR反应器，防止机组停运和检修期间雨水进入立式锅炉烟道使催化剂受潮。

SCR催化剂下游受热面模块安装在其上部，当受热面模块有割管等操作时，应在割管位置对应区域的催化剂模块做好防水措施，防止受热面模块内存水遗撒到催化剂上。

当去除黏附在催化剂上的灰尘时，使用干燥空气或无水蒸气预防催化剂受潮。

8-51　简述催化剂安装、拆除程序是什么。

答：催化剂安装、拆除程序如下。

（1）打开催化剂层人孔门，利用钢绳或倒链把人孔门固定在钢梁上，应采取双绳固定。

（2）防止单绳断裂、人孔门回落，出现人身伤害。

（3）在催化剂层人孔门处安装小车坡道，便于运输催化剂模块的小车出入。

（4）检查并确认烟道内具备催化剂安装条件。

（5）把催化剂模块提升到锅炉19.8m层，利用小车输送到烟道内催化剂层。

（6）催化剂应由从东向西、从里到外顺序安装，大小模块催化剂应按照空间顺序排列，保证布满整个催化剂层。

（7）安装催化剂的同时应做好催化剂间密封条和挡板的安装。

（8）催化剂安装完成后应检查烟气通道无催化剂部分的挡板严密性。

(9) 安装催化剂人孔门。

(10) 检查催化剂人孔门泄漏情况。

(11) 催化剂拆除与安装催化剂相反。

8-52 简述脱硝系统反应器检修安全注意事项是什么。

答: 脱硝系统反应器部分应封闭在锅炉烟道内，检修人员如需进入脱硝装置内部要与锅炉分场保持密切联系。必须在停炉和烟道冷却后方可按操作规程进入。为了防止不小心启动设备必须明确指挥命令系统。

检修反应器内部时为了保证正常呼吸，每次进入前要用浓度计测量，在确认正常后检修人员再进入内部。在进入内部时必需安排另一人在外部监视，以防不测。

8-53 简述氨区安全管理措施是什么。

答: 氨区安全管理措施如下。

(1) 整个氨区内设备为露天布置，不得在氨区上部空间阻挡空气流动。

(2) 氨区及使用氨的区域应设置漏氨监测装置，当氨气含量超过保护值时，应立即分析原因，查找漏点，进行应急处理。

(3) 任何人进入氨区必须经过运行值班人员许可，禁止与工作无关的人员进入氨区。

(4) 任何人进入氨区不能穿带有铁钉子、铁掌的鞋和化纤类服装。

(5) 进入氨区不得携带打火机等火种。

(6) 进行氨区设备检修必须办理工作票或许可单，如需要动火时，必须办理“一级动火工作票”，并对工作区域内氨气含量进行测定，氨含量必须小于保护值。

(7) 严禁机动车辆进入氨区。

(8) 设备系统运行时，不准敲击、不准带压修理和紧固法兰盘。

（9）对氨区进行正常操作和检修时必须使用防护手套和防护面具。

（10）氨区应按照规定配备足够的消防器材和防护用品，并定期检查和试验。

（11）进入氨区处理氨泄漏事故的人员必须穿戴正压式呼吸器和防护服。

（12）如人员接触到氨，应立即用大量的水进行冲洗，对氨接触的部位至少冲洗 15min。

8-54 简述氨区设备动火作业施工前的安全准备工作是什么。

答：氨区设备动火作业施工前的安全准备工作如下。

（1）必须动火作业时，要开一级动火工作票，配备消防监护人及相应的灭火器具，要检查、清理动火作业内的一切杂物和可燃物，具体要求是以动火点为中心的任何方位上，半径 10m 内不应存在任何可燃物及临时遮挡视线的杂物。

（2）环境温度高于 35℃、风力大于 3 级时氨区内禁止动火。

（3）将可能引起氨管路升温的地方完全隔离，方法是用浸湿的耐火毡加以封闭，避免火星与其直接接触。

（4）仔细检查相关阀门，确认关闭，挂警示牌。

8-55 简述氨设备切割、焊接前的检查重点是什么。

答：氨设备切割、焊接前的检查重点如下。

（1）实施氨管道与系统断开时，应根据情况依次优先采用拆开法兰盘、手锯断开、等离子切割等方法，尽量避免氧乙炔焰、电焊熔断切割等办法。

（2）氨区设备都为不锈钢材质，应采用氩弧焊方式焊接，同时零线应直接接到实焊体上，禁止远距离搭接到氨管上，同时应保证零线绝缘良好。

（3）施焊期间必须保证有两人以上监护，原因是施焊者本人因头戴焊帽，视野受限，不能及时发现火情。

（4）作业现场若有压力表、传感器等设施要妥善加以保护，防止因碰撞造成氨泄漏事故。

（5）施工期间严禁踩踏、碰撞小直径氨管。

（6）氧气瓶、乙炔罐、施焊点之间应间隔 10m 以上，且要保证三者附近绝对无易燃物，前两者还要防止直接暴晒。要确保电焊线绝缘可靠，氧气、乙炔无泄漏。

8-56　简述氨区施焊与收尾时应注意的事项是什么。

答： 氨区施焊与收尾时应注意的事项如下。

（1）切割与焊接过程中应该注意熔渣扩散的方向，避开易燃物。

（2）监护人员禁止脱岗，一旦发生火险要及时采取相关应急措施。

（3）施焊期间严禁交叉作业，禁止刷油漆作业施工。

（4）鉴于氨管道即使抽空也还存有氨，切割时管口仍可产生爆燃现象，危险点分析与控制措施中需注意喷口方向防火。基本处于封闭状态的氨管则要引泄压管至水中。

（5）收工前 1h 尽量避免动火作业，人员离开前断开电源，关闭瓶、罐阀门，清理现场。

（6）收工后仔细检查现场，确认无火种后方可离开施工现场。

8-57　简述烟气脱硝 SNCR 工艺原理及方案选择。

答： SNCR 是一种向烟气中喷氨气或尿素等含用 NH_3 基的还原剂在高温范围内，选择性地把烟气中的 NO_x 还原为 N_2 和 H_2O。

国外已经投入商业运行的比较成熟的烟气脱硝技术，建设周期短、投资少、脱硝效率中等，比较适合于对中、小型电厂锅炉进行改造，以降低其 NO_x 排放量。研究表明，在 927～1093℃ 温度范围内，在无催化剂的作用下，氨或尿素等氨基还原剂可选

择性地把烟气中的 NOx 还原为 N_2 和 H_2O，基本上不与烟气中的氧气作用，据此发展了 SNCR 法。其主要反应为

氨（NH_3）为还原剂时，则

$$4NH_3 + 6NO \longrightarrow 5N_2 + 6H_2O$$

该反应主要发生在 950℃的温度范围内。

实验表明，当温度超过 1093℃时，NH_3 会被氧化成 NO，反而造成 NOx 排放浓度增大。其反应为

$$4NH_3 + 5O_2 \longrightarrow 4NO + 6H_2O$$

而温度低于 927℃时，反应不完全，氨逃逸率高，造成新的污染。可见温度过高或过低都不利于对污染物排放进行控制。由于最佳反应温度范围窄，随负荷变化，最佳温度位置变化，为适应这种变化，必须在炉中安置大量的喷嘴，且随负荷的变化，改变喷入点的位置和数量。此外反应物的驻留时间很短，很难与烟气充分混合，造成脱硝效率低。

目前的趋势是用尿素［（NH_4）2CO］为还原剂，使得操作系统更加安全、可靠，而不必当心氨泄漏造成新的污染，则

$$(NH_4)2CO \longrightarrow 2NH_2 + CO$$

$$NH_2 + NO \longrightarrow N_2 + H_2O$$

$$CO + NO \longrightarrow N_2 + CO_2$$

8-58　简述 SNCR 和 SCR 相比的特点是什么。

答： SNCR 和 SCR 相比，其特点如下。

（1）参加反应的还原剂除了可以使用氨以外，还可以用尿素。而 SCR 烟气温度比较低，尿素必须制成氨后才能喷入烟气中。

（2）因为没有催化剂，因此，脱硝还原反应的温度比较高，如脱硝剂为氨时，反应温度窗为 870～1100℃。当烟气温度大于 1050℃时，氨就会开始被氧化成 NO_x，到 1100℃，氧化速度会明显加快，一方面，降低了脱硝效率；另外一方面，增加了还原剂的用量和成本。当烟气温度低于 870℃时，脱硝的反应速度大

幅降低。

由于反应温度窗的缘故，反应时间及喷氨点的设置以及切换受锅炉炉膛和/或受热面布置的限制。

（3）为了满足反应温度的要求，喷氨控制的要求很高。喷氨控制成了SNCR的技术关键，也是限制SNCR脱硝效率和运行的稳定性、可靠性的最大障碍。

（4）漏氨率一般控制在5～10mg/kg，而SCR控制在2～5mg/kg。

（5）由于反应温度窗以及漏氨的限制，脱硝效率一般为30%～50%，对于大型电站锅炉，脱硝效率一般低于40%。而SCR的脱硝效率在技术上几乎没有上限，只是从性价比上考虑，国外一般性能保证值为90%。

（6）SCR在催化剂的作用下，部分SO_2会转化成SO_3，而SNCR没有这个问题。

总之，SNCR的优点是投资省，适用于不需要快速高效脱硝的工业炉和城市垃圾焚烧炉，可以直接使用尿素，且不存在SO_2转化成SO_3的问题，其缺点是脱硝效率低、运行的可靠性和稳定性不好。

8-59　催化剂的定义是什么？简述不同催化剂的性能比较。

答：催化剂是加速氨与烟气中的氮氧化物还原反应的重要触媒，通常有蜂窝式、板式、波纹式催化剂。

SCR系统中的重要组成部分是催化剂，当前流行的成熟催化剂有蜂窝式、波纹状和平板式等。平板式催化剂一般是以不锈钢金属网格为基材负载上含有活性成分的载体压制而成；蜂窝式催化剂一般是把载体和活性成分混合物整体挤压成型；波纹状催化剂是丹麦HALDOR TOPSOE A/S公司研发的催化剂，外形如起伏的波纹，从而形成小孔。加工工艺是先制作玻璃纤维加固的TiO_2基板，再把基板放到催化活性溶液中浸泡，以使活性成份能均匀吸附在基板上。各种催化剂活性成分均为WO_3和

V_2O_5。表 8-4 为不同催化剂性能比较。

表 8-4　不同催化剂性能比较

性能参数	蜂窝式	板式	波纹状蜂窝式
基材	整体挤压	不锈钢金属板	玻璃纤维板
催化剂活性	中	低	高
氧化率	高	高	低
压力损失	高	中	低
抗腐蚀性	一般	高	一般
抗中毒性（As）	低	低	高
堵塞可能性	中	低	中
模块质量	中	重	轻
耐热性	中	中	中

8-60　还原剂的定义是什么？简述不同还原剂的选择方法。

答：还原剂是指脱硝系统中用于与 NO_x 发生还原反应的物质及原料。

对于 SCR 工艺，选择的还原剂有尿素、氨水和纯氨。尿素法是先将尿素固体颗粒在容器中完全溶解，然后将溶液泵送到水解槽中，通过热交换器将溶液加热至反应温度后与水反应生成氨气；氨水法是将 25%的含氨水溶液通过加热装置使其蒸发，形成氨气和水蒸气；纯氨法是将液氨在蒸发器中加热成氨气，然后与稀释风机的空气混合成氨气体积含量为 5%的混合气体后送入烟气系统。表 8-5 为不同还原剂的性能比较。

表 8-5　不同还原剂的性能比较

项目	液氨	氨水	尿素
反应剂费用	较低	较高	最高
运输费用	较低	高	较低
安全性	有毒	有害	无害
存储条件	高压	常压	常压，干态
储存方式	液态	液态	微粒状
初投资费用	较低	高	高
运行费用	较低	高，需要高热量蒸发蒸馏水和氨	高，需要高热量水解尿素和蒸发氨
设备安全要求	有法律规定	需要	基本上不需要

第九章

余热锅炉辅助设备

9-1　什么叫连续排污？

答：连续不断地将含盐浓度最大的炉水排出叫连续排污。

9-2　锅炉连续排污的作用是什么？

答：连续排污也叫表面排污。这种排污方式是连续不地从汽包水表面层附近将溶度最大的水排出。锅炉连续排污的作用是降低炉水中的含盐量和碱度，防止炉水浓度过高而影响蒸汽的品质。

9-3　余热锅炉定期排污、连续排污系统的作用有哪些？

答：余热锅炉定期排污、连续排污系统的作用是保持锅炉的汽水品质，并且将锅炉高、中、低压系统来的排污水及疏水进行扩容（减压）、减温后，排入余热锅炉回收水池。

9-4　锅炉定期排污与连续排污的作用有何不同？

答：定期排污的作用是排走沉积在蒸发器下联箱中的水渣；

连续排污的作用是不断地将炉水表面附近含盐量浓度最大的炉水排出。

9-5　为什么锅炉启动初期要进行排污？

答：此时进行排污，排出的是循环回路底部的部分水，使杂质得以排出，保护锅水品质，而且使受热较弱部分的循环回路换热加强，防止了局部水循环停滞，使水循环系统各部分金属受热面膨胀均匀，减少了汽包上下壁温差。

9-6　什么叫定期排污？

答： 定期排除积聚在锅炉水冷壁底部下联箱处的水渣和磷酸盐的沉淀物叫做定期排污。

9-7　辅机轴承按转动方式可分几类？

答： 辅机轴承按转动方式一般可分为滚动轴承和滑动轴承两类。

9-8　锅炉辅机试运转的合格标准主要有哪些？

答： 锅炉辅机试运转的合格标准如下：

（1）辅机转动方向正确，电动机及机械部分无异常声音。

（2）轴承振动、温升不超过规定值。

9-9　什么叫油的黏度？

答： 黏度是液体流动性的指标，它对油的输送和燃烧有重要影响。油的黏度通常以恩氏黏度表示，符号为°Et。所谓恩氏黏度，就是200cm^{3}的油，在某一温度下，流经一标准尺寸孔口所需的时间与同体积的水在20℃下通过同一孔口时间的比值。

9-10　如何识别真假油位？

答： 识别真假油位的方法如下。

（1）油中带水的假油位。因密度不同，油比水轻，固可以从油位计上看出油、水分界线。

（2）油位计下部孔道堵塞所产生的假油位。可拧开油位计上部螺帽，用小皮管对着油位计上部吹一口气以后，油位下降不能复原是假油位，能复原是真油位。

（3）带油环的电动机轴承室油位。可先拧开小油位计上的螺帽，然后打开加油盖，这时，小油位计中的油要上升，而上升前的油位才是真油位。

9-11　防止转机烧轴瓦的措施有哪些？

答：防止转机烧轴瓦的措施如下。

（1）转机轴瓦油位计应清晰，油位正常，油温、油质应符合要求，冷却水畅通。

（2）加强巡回检查，严格监视轴瓦温度，不得超过规定值，若发现异常及时消除或停运。

（3）运行中应控制转机不超负荷，不超电流运行。

（4）转机正常运行中应无异常声音、振动、窜轴等现象，若有异常应加强监视或及时联系检修人员处理。

9-12　给水泵为什么要装再循环管？

答：当给水流量很小或为零时，泵内叶轮产生的摩擦热不能被给水带走，使泵内温度升高，当泵内温度超过所处压力下饱和温度时，给水就会发生汽化，形成汽蚀。为了防止这种现象的发生，必须保证给水泵的最小流量。设置再循环管，可以在机组启、停、低负荷或事故状态下，保证所需最小流量，防止给水产生汽化。

9-13　水、汽有哪些主要质量标准？

答：水、汽的主要质量标准如下。

（1）给水：超高压机组 pH 值为 8.8～9.3；硬度不大于 1μmol/L，溶解氧含量不大于 7μg/L。

（2）锅炉水：超高压机组磷酸根含量为 2～8mg/L；二氧化硅含量不大于 1.5mg/L。

（3）饱和蒸汽、过热蒸汽：一般二氧化硅含量不大于 20μg/L。

（4）凝结水：高压机组硬度不大于 1.0μmol/L。

（5）内冷水：电导率（25℃）不大于 5μS/cm，pH 值（25℃）大于 7.6。

9-14　锅炉给水为什么要进行处理？

答：如将未经处理的生水直接注入锅炉，不仅蒸汽品质得不到保证，而且还会引起锅炉结垢和腐蚀，从而影响汽轮机、锅炉的安全运行。因此，生水补入锅炉之前，需要经过处理，以除去其中的盐类、杂质和气体，使补给水质符合要求。

9-15　锅炉省煤器的主要作用是什么？

答：利用炉尾部低温烟气的热量来加热给水，以降低排烟温度，提高锅炉效率，节省燃料消耗量，并减少给水与汽包的温度差。

9-16　汽水管道的振动或水击的原因有哪些？

答：汽水管道振动或水击的原因如下。

（1）管道支吊架松脱或固定不牢。

（2）管道内空气没有排尽，即通入汽水，或进汽、水速度过快。

（3）暖管时间过短或没有很好地进行疏水。

（4）介质温度或压力急剧变化。

（5）突然关闭或开启给水系统隔绝门。

（6）给水泵止回门失灵，忽开、忽关。

9-17　简述汽水管道振动的处理方法。

答：汽水管道振动的处理方法如下。

（1）给水或放水管道发生水冲击或振动时，立即关小阀门，并进行充分的放空气、暖管，待水击消失时再缓慢进行操作。

（2）蒸汽管道发生水击时，应立即恢复水击前系统状态并立即开启有关疏水门，进行充分的暖管、疏水，再缓慢投入蒸汽管道系统。

（3）当突然关闭或开启给水系统隔绝门发生水冲击时，应立即将该隔绝门恢复至水冲击前的位置，以消除水冲击。

（4）检查汽、水管道的支吊架是否松脱，汽轮机给水泵止回门是否正常，针对具体情况进行处理。

9-18　高压循环泵的作用有哪些？

答：（1）正常运行时，将汽包下降管来的水经高压循环泵升压后送到蒸发器。

（2）在启动或暂时停炉时，通过再循环管路，把水送到省煤器，形成汽包→下降管→高压循环泵→再循环管→省煤器→汽包的循环回路。

9-19　运行中切换高（低）压循环泵的操作步骤有哪些？

答：运行中切换高（低）压循环泵的操作步骤如下。

（1）确认备用泵、相关阀门在备用状态，可适当提高汽包运行水位。

（2）将高（低）压给水调节阀由自动位改为手动位控制。

（3）解除高（低）压循环泵的连锁，备用泵由自动位改为手动位。

（4）启动备用泵，就地检查运行正常，待电流和水位稳定后停运主泵。

（5）确认备用泵运行正常，电流正常。并进行主、备位置切换，备用泵投入自动位，投入连锁。

（6）确认高（低）压汽包水位稳定，无大幅波动，高（低）压给水调节阀由手动位投入自动位运行。

9-20　转动机械的合格标准有哪些？

答：转动机械的合格标准如下。

（1）轴承的转动部分无异常现象。

（2）轴承工作温度正常。即温度应在报警温度之下。

（3）振动符合要求。

（4）轴承无漏油、甩油现象。

（5）泵体及其连接部分无漏水现象。

（6）转动机械轴承使用的润滑油品种和质量应符合要求，并定期进行化验和更换。

9-21 转动机械轴承温度高的原因有哪些？

答：转动机械轴承温度高的原因如下。

（1）轴承中油位过低或过高。

（2）油质不合格、变质或错用油号。

（3）油环不转或转动不良而带不上油。

（4）冷却水不足或中断。

（5）机械振动或窜轴过大。

（6）轴承有缺陷或损坏。

9-22 转动机械在运行中发生哪些情况时应该立即停止运行？

答：转动机械在运行中发生下列情况之一时，应该立即停止运行。

（1）发生人身事故，无法脱险时。

（2）发生强烈振动，危及设备安全运行时。

（3）轴承温度急剧升高或者超过规定值时。

（4）电动机转子和静子严重摩擦或电动机冒烟起火时。

（5）转动机械的转子与外壳发生严重摩擦撞击时。

（6）有火星产生或者被水淹没时。

9-23 汽包锅炉正常运行时，为什么要关闭省煤器再循环门？

答：因为给水通过省煤器再循环管直接进入汽包，降低了局部区域的炉水温度，影响了汽水分离和蒸汽品质，并使再循环管与汽包接口处的金属受到温度应力，时间长可能产生裂纹。此外，还影响到省煤器的正常工作，使省煤器出口温度过高，所以在正常运行中，必须将省煤器再循环管关闭。

9-24　如何正确冲洗水位计？冲洗水位计时应该注意些什么？

答： 锅炉运行过程中应该对水位计进行定期冲洗；而当发现水位计模糊不清或水位停滞不动有堵塞怀疑时，应及时进行冲洗。一般冲洗水位计的步骤如下。

（1）开启水位计的放水门，使汽连通管、水连通管、水位计本身同时受到汽与水的冲洗。

（2）关闭水位计的水连通门，使汽连通管及水位计本身受蒸汽的冲洗。

（3）将水位计的水连通门打开，关闭汽连通门，使水连通管受到水的冲洗。

（4）开汽连通门，关闭放水门，冲洗工作结束，恢复水位计的正常运行。

冲洗水位计时应该注意的事项如下：

（1）在冲洗水位计过程中，必须注意防止汽连通门和水连通门同时关闭的现象。因为这样会使汽、水同时进入水位计，水位计被迅速冷却，冷空气通过放水门反抽进入水位计，使冷却速度更快，当再次打开水连通门或汽连通门，工质进入时，温差较大，会引起水位计的损坏。

（2）在冲洗水位时，汽侧、水侧阀门应该尽量开很小，因为水位计压力和外界环境压力相差太大，阀门开得过大，汽、水剧烈膨胀，流速很高，有可能冲坏云母片或引起水位计爆破。

（3）在冲洗水位计时，要注意人身安全，防止汽、水冲出，烫伤人工作人员。

9-25　膨胀指示器的作用有哪些？锅炉共有几处膨胀指示器？各在什么地方？

答： 膨胀指示器是用来监视汽包、联箱等厚壁压力容器在点火升压过程中的膨胀情况的，通过它可以及时发现因点火升压不当或安装、检修不良引起的蒸汽设备变形，防止膨胀不均，发生裂纹和泄漏等。

锅炉共有10处膨胀指示器。锅炉入口烟道两处、高压过热器3处，高压联箱、低压联箱、高压汽包、低压汽包、除氧水箱各1处。

9-26　省煤器再循环阀如何操作？

答：省煤器再循环阀将循环泵出口母管水引入省煤器入口，在给水调节门全关或给水流量低时，保持水在省煤器中流动。保护省煤器，不产生局部汽化。另外，提高省煤器给水温度，防止腐蚀。

9-27　给水泵出口止回阀的作用有哪些？

答：给水泵出口止回阀的作用是当给水泵停止运行时，防止压力水倒流，引起给水泵倒转。高压给水倒流会冲击低压给水管道及除氧器给水箱，还会因给水母管压力下降，影响锅炉进水，如给水泵在倒转时再次启动，启动力矩增大，容易烧毁电动机或损坏泵轴。

9-28　高压联箱疏水时出现管道振动是如何产生的？应如何处理？

答：管道振动的原因是机组停运后，燃气轮机盘车期间送入锅炉大量冷气，冷却了过热器盘管中的蒸汽，管道中大量积水，开启高压联箱疏水后，高压汽包中的蒸汽向高压联箱流动，管道中积水遇到蒸汽剧烈膨胀产生冲击力或者蒸汽通道中部分蒸汽凝结成水，以蒸汽速度流动对流通通道产生巨大的冲击力使管道产生振动。

应立即关小疏水阀门，进行小流量暖管，待水击消失时再缓慢进行正常暖管操作。

9-29　电接点水位计有何优点？

答：电接点水位计在汽包水位测量上得到了广泛的应用。其优点是在锅炉启停时即压力远远偏离额定值时能较准确地反映汽包水位；另外，其结构简单，维修工作量小。

9-30　锅炉启动上水操作有哪些危险点？如何控制？

答：锅炉启动上水操作的危险点及控制措施见表9-1。

表9-1　　锅炉启动上水操作的危险点及控制措施

序号	危险点	危害后果	控制措施
1	上水前各排气门未打开	水管路、汽包积存空气	（1）打开锅炉排气联箱操作平台各排空门，有连续水流出后关闭。 （2）严格控制上水速度
2	上水速度太快或水温偏差大	汽包壁温差大	严格控制上水速度、上水温度
3	除盐水至锅炉上水门开启过快	除盐水泵电流过高，电动机损坏	（1）使用除盐水至锅炉上水门（除氧器补水电动门）进行上水前，通知化学岗注意除盐水泵电流，当除盐水流量大于50t/h时，增开100t除盐水泵。 （2）开启补水电动门时缓慢开启
4	除盐水至锅炉上水门关闭过快	除盐水泵出口压力过高，振动大，设备损坏	（1）关闭除盐水至锅炉上水门（除氧器补水电动门）前，通知化学岗注意除盐水流量，当除盐水流量低于50t/h时，停运100t除盐水泵。 （2）机组完全停止运行前通知化学岗停运全部除盐水泵
5	给水调节门快开、快关	备用给水泵启动系统冲击、设备损坏	缓慢操作给水调节门，注意给水压力、流量、泵电流变化情况

9-31　给水泵启动操作有哪些危险点？如何控制？

答： 给水泵启动操作的危险点及控制措施见表9-2。

表9-2　给水泵启动操作的危险点及控制措施

序号	危险点	危害后果	控制措施
1	周边有人工作	影响人员安全和设备运行	(1) 启动设备前检查没有影响启动的检修工作。就地必须有运行人员，并与集控及时联系，如有其他人员工作应通知其撤离。 (2) 现场人员在泵启动前必须站在泵的侧面（轴向位置）
2	不具备启动条件	启动后造成设备异常	查看电动机开关在远方工作位，DCS画面状态正确。按操作票逐项对设备进行检查，确认给水泵具备启动条件
3	未按规定测绝缘	启动后可能损坏电动机	查看给水泵上次启动的时间，并从设备绝缘台账上查看其电动机上次测绝缘的时间，确认是否需要测绝缘
4	给水泵倒转	造成泵和电动机损坏	确认给水泵无倒转现象
5	最小流量阀未开或未全开	造成憋压	检查再循环门就地位置指示在全开位
6	入口门未开	造成给水泵汽化	检查入口手动门的机械位置在全开位
7	除氧水箱水位超低	造成给水泵汽化	确认汽包水位正常
8	轴承润滑不良	造成轴承损坏	启动前检查轴承润滑油油质良好，补充油杯油位至1/2～2/3
9	泵冷却水回水温度高	润滑油温高，机械密封损坏	(1) 启动前检查冷却水进、出口阀门在全开位置，回水温度正常。 (2) 确认工业水压力正常

续表

序号	危险点	危害后果	控制措施
10	未启动、启动堵转或反转	损坏给水泵或电动机	启动指令发出后应就地询问，电动机转子是否转动、转向是否正确、DCS画面电流变化是否正确。若出现未启动、堵转或反转的现象应立即停运
11	给水泵出力不正常	母管压力无变化	（1）就地检查、判断给水泵出力是否正常。 （2）就地检查出口手动门应在全开位置
12	电流大、振动大、声音异常	损坏给水泵或电动机	（1）启动后应就地测振动大小，检查无异声、无焦糊味等异常现象。 （2）启动后从DCS画面密切监视电流变化是否正确、出口压力是否正常。如有任一参数超限，及时联系停运
13	点错操作框	造成误操作	操作由专人和专门画面进行，点开操作框后要由监护人确认正确
14	主给水泵启动后备用给水泵倒转	造成给水泵和电动机损坏	如备用给水泵有倒转现象，立即关闭出口门并及时联系检修处理
15	连锁自动未投入	发生异常时无法正常联起备用给水泵	如主给水泵停运后母管压力或流量不正常下降，在确认停运给水泵无倒转现象后立即启动停运给水泵，稳定系统参数，并查找压力和流量下降原因

9-32 炉水循环泵启动操作有哪些危险点？如何控制？

答： 炉水循环泵启动操作的危险点及控制措施见表9-3。

表 9-3 炉水循环泵启动操作的危险点及控制措施

序号	危险点	危害后果	控制措施
1	周边有人工作	影响人员安全和设备运行	启动设备前检查没有影响启动的检修工作。就地必须有运行人员，运行人员在热水循环泵启动前必须站在热水循环泵的侧面（轴向位置）并与集控及时联系，如有其他人员工作应通知其撤离
2	不具备启动条件	启动后造成设备异常	查看电动机开关在远方工作位，DCS 画面状态正确。按操作票逐项对设备进行检查，确认炉水循环泵具备启动条件
3	未按规定测绝缘	启动后可能损坏电机	查看热水循环泵上次启动的时间，并从设备绝缘台账上查看其电动机上次测绝缘的时间，确认是否需要测绝缘
4	热水循环泵倒转	造成热水循环泵和电动机损坏	确认热水循环泵无倒转现象
5	出口止回阀未开或未全开	造成憋压	检查热水循环泵出口压力是否正常，确认止回阀未开或未全开后及时联系检修处理
6	进、出口手动阀未开	造成热水循环泵汽化	检查进、出口手动门的机械位置在全开位（除氧循环泵出口手动门开度为 1/3）
7	出口母管电动阀未开或未全开	造成憋压	检查出口手动门的机械位置指示在全开位
8	汽包水位超低	造成热水循环泵汽化	确认汽包水位正常
9	轴承润滑不良	造成轴承损坏	启动前检查轴承润滑油油质良好，补充油杯油位至 1/2～2/3

续表

序号	危险点	危害后果	控制措施
10	热水循环泵冷却水回水温度高	润滑油温高，机械密封损坏	（1）启动前检查冷却水进、出口阀门在全开位置，回水温度正常。 （2）确认工业水压力正常
11	未启动、启动堵转或反转	损坏热水循环泵或电动机	启动指令发出后应就地询问，电动机转子是否转动、转向是否正确、DCS画面电流变化是否正确。若出现未启动、堵转或反转的现象应立即停止
12	泵出力不正常	母管压力无变化	（1）就地检查判断热水循环泵出力是否正常。 （2）就地检查出口手动门应在全开位置
13	电流大、振动大、声音异常	损坏热水循环泵或电动机	启动后应就地测振动大小，检查无异音、无焦糊味等异常现象。启动后从DCS画面密切监视电流变化是否正确、出口压力是否正常。如有任一参数超限，及时联系停运
14	点错操作框	造成误操作	操作由专人和专门画面进行，点开操作框后要由监护人确认正确
15	主热水循环泵启动后备用热水循环泵倒转	造成热水循环泵和电动机损坏	如备用热水循环泵有倒转现象，立即关闭出口门并及时联系检修处理
16	连锁自动未投入	发生异常时无法正常联起备热水循环泵	如停热水循环泵后母管压力不正常下降，在确认停运热水循环泵无倒转现象后立即启动停运热水循环泵，稳定系统参数，并查找压力下降原因

9-33　强制循环炉水循环泵振动大有哪些原因？

答： 强制循环炉水循环泵振动大的原因如下：

（1）轴承磨损或间隙过大。

（2）炉水循环泵出口阀未全开或完全未开。

（3）炉水循环泵电动机反转。

（4）汽包水位过低，炉水循环泵进口汽化。

（5）汽包夹层空气门未关。

（6）炉水循环泵叶轮磨损。

9-34　什么叫水击？有何危害？产生的原因有哪些？如何防止？

答： 水击是汽水管道中或者汽轮机缸体中发生的一种剧烈的冲击，往往伴随有很大的撞击声，原因是管道中积水遇到蒸汽剧烈膨胀产生冲击力或者蒸汽通道中部分蒸汽凝结成水，以蒸汽速度流动对流通通道产生巨大的冲击力。

水击会损坏管道，破坏汽轮机叶片，发生安全事故。

产生水击的原因是锅炉蒸发量过大蒸发不均或给水品质不良，引起汽水共腾。

（1）锅炉减温水调节不当。

（2）运行人员误操作或给水自动调节失灵造成锅炉满水。

（3）汽轮机启动中没有充分暖管或疏水排泄不畅。

（4）停炉时操作不当。

防止的方法是送汽前要进行暖管和疏水，送汽时阀门开启不要过快。

9-35　停炉后达到什么条件锅炉才可放水？

答： 当锅炉压力降至零，汽包下壁温度在100℃以下时，才允许将锅炉内的水放空。

根据锅炉保养要求，可采用带压放水，中压炉在0.3～0.5MPa、高压炉在0.5～0.8MPa时就放水。这样可加快消压冷却速度，放水后能使受热面管内的水膜蒸干，防止受热面内部腐蚀。

第三部分 运行岗位技能知识

第十章

余热锅炉汽水系统运行操作技能

10-1　锅炉的运行特性包括哪些?

答: 锅炉的运行特性包括静态特性和动态特性两类。当锅炉工作遇到扰动时，某些方面受到影响，引起参数的变化，其变化方向和变化幅度由锅炉的静态特性决定。在参数变化过程中的变化速度和波折，即参数变化与时间的关系，则为动态特性的问题。

10-2　联合循环中的余热锅炉要适应燃气轮机快速启动的结构特点有哪些?

答: 联合循环中的余热锅炉要适应燃气轮机快速启动的特点，因此必须采取措施减少锅炉启动中的热应力，并允许系统管道自由而有序地进行热胀冷缩。例如，悬吊结构、肋片管、弯头不受热，焊缝不受热等。要尽量使各换热面受热均匀，余热锅炉进口烟道的设计应当使烟气均匀的流向受热面，烟气速度均匀。汽包容量适当，壁厚较薄，使用内外双层结构壳体等。

10-3　除氧器补水电动阀开关条件有哪些?

答: 除氧器补水电动阀开关条件如下。

(1) 自动开条件：除氧器水位小于或等于－150mm，则连锁开启除氧器补水电动阀。

(2) 自动关条件：除氧器水位大于或等于－50mm，则连锁关闭除氧器补水电动阀。

(3) 保护开条件：除氧器水位大于或等于－200mm，则保护开启除氧器补水电动阀。

(4) 保护关条件：除氧器水位大于或等于+200mm，则保护关闭除氧器补水电动阀。

10-4 为什么要定期抄表?

答： 定期抄表的原因如下。

(1) 定期抄表便于运行分析，及时发现异常，保证安全生产。

(2) 定期抄表是进行各项运行指标的统计、计算、分析所不可缺少的。

(3) 运行日报表作为运行的技术资料要上报、存档。

10-5 操作阀门时应注意些什么?

答： 操作阀门时应注意如下事项。

(1) 敲打手轮或用长扳手操作过猛都容易造成手轮损坏，因此要求操作时精心。

(2) 盘根压得过紧或填料干枯，会造成开关阀门费力，此时应放松压盖或更换填料。

(3) 阀门内存在跑、冒、滴、漏现象。

(4) 关闭阀门不应过急，以免损伤密封面。

(5) 由于介质压力的波动，容易使机械波动，高速汽体收缩和扩张都会引起冲击和湍流产生。

(6) 操作用力过猛，容易使螺纹损伤；缺乏润滑，会使门杆升降机构失灵。

(7) 阀门要保温，管道停用后要将水放尽，以免天冷冻裂阀体。

10-6 什么叫“叫水法”? 怎样进行叫水?

答： 用简单的原理和操作了解水位计可见部分以外的水位情况的方法，叫“叫水法”。

进行叫水的具体步骤如下。

（1）开启放水门（注意有水位下降为轻微满水），进行汽水共冲，然后关闭放水门。

（2）关闭汽门，有水位上升则为轻微缺水。

（3）无水位上升，则缓慢开启水门，有水位下降则为严重满水，无水位下降则为严重缺水。

（4）开汽门、水门，关放水门，恢复水位计运行；汇报情况。

（5）当判断某一症状时，应重复操作一次，以确认正确。

10-7　串联的两个手动阀如何进行开关操作？为什么要这样操作？

答：打开时，应先全开一次阀，后开二次阀；关闭时，应先全关二次阀，后关一次阀。

在阀门操作过程中，会出现节流，不可避免地对阀芯造成冲蚀损坏。维修二次阀只需要关闭一次阀即可在线修理，而维修一次阀时必须放空整个相关系统的压力、存水，难以维修。

10-8　锅炉各换热面作用是什么？各级受热面中工质的状态是什么？

答：除氧器：热力除氧，将除氧器中给水加热到104℃左右；工质为未饱和水。

省煤器：将给水加热到接近饱和；工质为未饱和水。

蒸发器：加热产生蒸汽；工质为饱和水和湿饱和蒸汽。

过热器：将蒸汽加热到过热状态；工质为过热蒸汽。

在除氧器中，给水是未饱和水。

在省煤器中为未饱和水。

在蒸发器中为饱和水和湿饱和蒸汽。

在过热器中为过热蒸汽。

10-9 什么是自动调节？简述汽轮机、锅炉自动调节的内容。

答：自动维持生产过程在规定工况下运行称为自动调节。

汽轮机、锅炉自动调节主要有：燃烧自动调节、给水自动调节、蒸汽温度自动调节、转速自动调节、送/引风机自动调节、旁路系统自动调节等。

10-10 蒸汽被污染的主要原因是什么？

答：锅水中含盐量是由给水带入的，因此蒸汽被污染的根源在于锅炉给水含盐。

蒸汽被污染的主要原因如下。

（1）机械携带（饱和蒸汽带水）。

（2）溶解携带（盐分在蒸汽中溶解）。

10-11 锅炉运行调整的主要任务是什么？

答：锅炉运行调整的主要任务如下。

（1）保证锅炉的额定蒸发量，满足汽轮机的要求。

（2）保证正常额定的蒸汽温度和蒸汽压力。

（3）均衡进、出口流量，保证除氧器、汽包水位稳定。

（4）保证炉水及蒸汽品质合格。

（5）保证锅炉的安全经济运行和运行工况稳定。

10-12 为什么要定期对照水位？

答：对汽包锅炉来说，水位是最重要的调节指标，操作人员应随时监视和调整水位。为了使操作盘上的水位表指示保持准确，规定每班要三次以汽包水位计为标准，核对操作盘上水位表指示的准确性。发现水位表指示水位与汽包水位计水位不符，要立即通知仪表工进行处理。

因此，定期对照水位是保证锅炉安全运行的有效措施。

10-13 简述锅炉侧闭锁及保护投切的动作与退出。

答：（1）保护处于切的状态。燃气轮机运行时高压汽包水位大于250mm且保护开关投入，高压汽包紧急放水门保护开，当差压水位计和就地水位出现较大偏差时退出。燃气轮机运行时低压汽包水位大于250mm且保护开关投入，低压汽包紧急放水门保护开，当差压水位计和就地水位出现较大偏差时退出。除氧器水位大于250mm且保护开关投入，除氧器紧急放水门保护开，当差压水位计和就地水位出现较大偏差时退出。

（2）保护处于投的状态。高压集汽联箱压力大于6.3MPa且保护开关投入，高压集汽联箱对空排汽门保护开。低压集汽联箱压力大于650kPa且保护开关投入，低压集汽联箱对空排汽门保护开。除氧器蒸汽压力大于150kPa且保护开关投入，除氧器对空排汽门保护开，当除氧器蒸汽压力变送器有问题时可退出。

10-14 简述高压旁路门快开的条件。

答：高压旁路门快开的条件如下。

（1）高压汽包压力高。高压汽包压力大于6.75MPa，保护投入，高压旁路门快开。

（2）电动主汽门前压力高。电动主汽门前压力大于6MPa，保护投入，高压旁路门快开。

（3）高压集汽联箱压力高。无快关条件且高压集汽箱压力大于6.3MPa，保护投入，高压旁路门快开。

（4）高压汽包水位高。无快关条件且高压汽包水位大于400mm，保护投入，高压旁路门快开。

10-15 简述高压旁路门快关的条件。

答：高压旁路门快关的条件如下。

（1）ETS紧急停机。因为ETS紧急跳机时燃气轮机不能同时紧急停运，正常停机时手动打闸也会引起此保护动作，由运行判定和控制ETS紧急跳机，保护投入，高压旁路门快关。

(2) 真空低(HP)。凝汽器真空大于-50kPa，保护投入，高压旁路门快关。

(3) 高压旁路门出口蒸汽温度高。高压旁路门出口温度大于240℃，保护投入，高压旁路门快关，此保护正常运行时投入，机组启停时退出。

(4) 凝汽器水位高(HP)。凝汽器水位大于1200mm，保护投入，高压旁路门快关，此保护正常运行时投入，机组启停时退出。

(5) 两台凝结水泵全停。两台凝结水泵全停，保护投入，高压旁路门快关。

10-16 简述低压旁路快开的条件。

答：低压旁路快开的条件如下。

(1) 低压电动补汽门前压力高，低压汽包压力大于0.6MPa，保护投入，低压旁路快开。

(2) 低压汽包压力高。低压补汽电动门前压力大于0.7MPa，保护投入，低压旁路快开。

(3) 低压集汽联箱压力高。低压集汽箱压力大于0.6MPa，保护投入，低压旁路快开。

(4) 低压汽包水位高。低压汽包水位大于400mm保护投入，低压旁路快开。

10-17 简述低压旁路快关的条件。

答：低压旁路快关的条件如下。

(1) ETS紧急停机(LP)。ETS紧急跳机(真空破坏)，保护投入，低压旁路快关，此保护未投，因为ETS紧急跳机(真空破坏)时燃气轮机不能同时紧急停运，正常停机时手动打闸也会引起此保护动作，由运行判定和控制。

(2) 真空低(LP)。凝汽器真空大于-50kPa，保护投入，低压旁路快关。

(3) 低压旁路后蒸汽温度高。低压旁路出口温度大于240℃，保护投入，低压旁路快关，此保护正常运行时投入，机组启停时退出。

(4) 凝汽器水位高 (LP)。凝汽器水位大于1200mm，保护投入，低压旁路快关，此保护正常运行时投入，机组启停时退出。

(5) 两台凝结水泵全停 (LP)。两台凝结水泵全停，保护投入，低压旁路快关。

10-18 简述自然循环余热锅炉与强制循环锅炉水循环原理的主要区别。

答：自然循环余热锅炉与强制循环锅炉水循环原理的主要区别是水循环动力的不同。自然循环余热锅炉水循环动力是靠锅炉启动后所产生的汽水密度差提供的，而强制循环锅炉循环动力主要是由水泵的压力提供的，而且在锅炉启动以前就已经建立了水循环。

10-19 为什么锅炉启动后期仍要控制升压速度?

答：锅炉启动后期仍要控制升压速度的原因如下。

(1) 此时虽然汽包上下壁温差逐渐减小，但由于汽包壁厚的关系，内外壁温差仍很大，甚至有增加的可能。

(2) 启动后期汽包内承受接近工作压力下的应力。因此仍要控制后期的升压速度，以防止汽包壁的应力增加。

10-20 锅炉自动控制的意义?

答：锅炉自动控制的意义如下。

(1) 产生合格的蒸汽。就是蒸汽的压力、温度及蒸汽流量均符合负荷设备的要求。

(2) 提高锅炉的效率。

(3) 提高锅炉的安全运行。

(4) 减少对环境的污染。

（5）改善劳动条件。

10-21　余热锅炉检修后一般应进行哪些外部检查？

答：余热锅炉检修后应进行的外部检查内容有汽（水）、烟、燃料等各系统完整，支吊架完整、牢固，管道保温良好，各膨胀指示器刻度清晰、指示正确；锅炉安全门各部件齐全完好；各系统的阀门外形完整，传动装置牢固，标示牌名称正确、齐全。

10-22　简述余热锅炉低压系统上水前必须满足的条件及上水时注意事项。

答：待汽轮机侧凝结水温和汽包壁温差小于150℃，水质合格时，打开低压省煤器进口阀向低压省煤器、低压汽包、低压蒸发器上水，上水过程中应注意检查低压汽包的膨胀情况，控制其上、下壁温差不超过40℃并注意排尽低压系统内的空气。

10-23　简述高压、中压系统上水过程及上水中注意事项。

答：当低压汽包水位达到正常水位后，首先对高压、中压给水泵进行暖泵。暖泵结束后，启动一台高压给水泵、中压给水泵，检查最小流量阀动作正常，打开高压、中压给水调节门，控制给水流量分别向高压省煤器、高压汽包、高压蒸发器及中压省煤器、中压汽包、中压蒸发器上水，当省煤器空气门冒水后，关闭空气门，上水过程中应注意检查高压、中压汽包的膨胀情况，控制其上、下壁温差不超过40℃，上水期间应注意保持低压汽包水位正常，待水位达到启动水位时停止上水。调节低压汽包水位至启动水位，停止向低压省煤器进水。

10-24　余热锅炉启动前高压、中压、低压汽包水位一般控制在多少？

答：余热锅炉启动前控制高压汽包的水位在－700mm，中压汽包水位在－500mm，低压汽包水位在－900mm左右。

10-25　余热锅炉允许启动的条件有哪些?

答: 余热锅炉允许启动的条件如下。

(1) 至少一台高压给泵运行。

(2) 至少一台中压给泵运行。

(3) 高压汽包水位正常。

(4) 高压汽包水位控制自动。

(5) 中压汽包水位正常。

(6) 中压汽包水位控制自动。

(7) 低压汽包水位正常。

(8) 低压汽包水位控制自动。

(9) 低压凝结水电动门已开。

(10) 烟气挡板投自动。

(11) 高压省煤器出口温度控制自动。

(12) 中压省煤器出口温度控制自动。

(13) 低压省煤器进口温度控制自动。

(14) 低压省煤器出口温度控制自动。

(15) 凝汽器压力正常。

(16) 无锅炉跳闸条件存在。

10-26　锅炉冷态、温态、热态启动时，过热器及再热器各疏水阀关闭条件有哪些?

答: 锅炉冷态、温态、热态启动时，过热器及再热器各疏水阀关闭条件如下。

(1) 锅炉冷态启动时，当汽包压力达到额定值时关闭各过热器及再热器各疏水阀。

(2) 锅炉温态、热态启动时，排汽温度高出饱和温度50℃，延时90s，关闭过热器及再热器各疏水阀。

10-27　简述燃气性能加热器自动启停条件。

答: 燃气轮机并网后，当中压省煤器后温度高于52℃，燃气性能加热器自动投运，当中压给水能满足燃气加热要求后，电加热器自动退出。

10-28 余热锅炉并炉时必须满足的条件有哪些？

答： 余热锅炉并炉时必须满足的条件如下。

（1）待并炉蒸汽温度和运行炉蒸汽温度相差5℃。

（2）待并炉蒸汽压力稍低于运行炉蒸汽压力。

（3）电动隔离阀打开后，逐渐调整第二台炉旁路压力，使两台炉蒸汽压力保持一致，检查汽轮机进汽温度未受影响。

10-29 若余热锅炉启动时汽轮机已运行，如何尽快使其满足并炉条件？

答： 可采用适当调整两台燃气轮机负荷的方法使其尽快满足并炉条件。

10-30 余热锅炉停运前必须检查旁路系统在怎样状态？

答： 余热锅炉停运前必须检查旁路系统在如下状态。

（1）旁路控制阀在自动。

（2）旁路减温水调节阀在自动且设定值正确。

（3）旁路减温水隔离阀在自动。

（4）旁路疏水气动阀在自动。

10-31 余热锅炉停运后何时可停运高压、中压给水泵？

答： 余热锅炉停运后将高压、中压和低压汽包上水至“HWL”（高水位）后可停运高压、中压给水系统并关闭高压、中压给水电动阀及低压汽包补水电动阀。

10-32 如何进行余热锅炉湿式保养？

答： 进行余热锅炉湿式保养的方法如下。

（1）间断补水维持汽包水位。

（2）确认关闭蒸汽截止阀、给水截止阀、连续排污截止阀、事故放水阀和所有排气阀、排污阀。

（3）燃气轮机转子盘车投运后，关闭烟道挡板。

（4）当各汽包压力接近“0”时，对汽包和过热器系统进行充氮保养，保持汽包压力正压即可。

（5）保养期间，应每日化验炉水品质。

10-33　如何进行余热锅炉干式保养？

答：进行余热锅炉干式保养的方法如下。

（1）燃气轮机盘车投运后，关闭烟道挡板。

（2）待各汽包压力达额定值时，对各受热面进行放水，利用锅炉金属余热将存水进行蒸发烘干，从而达到干式保养的目的。

10-34　当主、再热蒸汽温度高报警发出后将产生什么后果？

答：当主、再蒸汽温度高报警发出后，对应侧燃气轮机将执行 RUNBACK 自动减负荷程序。

10-35　当主、再热蒸汽温度高高报警发出后将产生什么后果？

答：当主、再蒸汽温度高高报警发出后，对应侧燃气轮机全甩负荷，维持全速空载，并关闭主蒸汽支管电动阀、再热蒸汽支管电动阀、汽轮机侧再热冷段电动阀和低压补汽支管电动阀。

10-36　省煤器再循环泵的作用是什么？

答：省煤器再循泵泵的作用是为了提高低压省煤器入口的水温，防止鳍片管表面结露。

10-37　省煤器再循环泵自动控制条件有哪些？

答：省煤器再循环泵自动控制条件包括：

（1）省煤器再循环泵允许启动条件。省煤器再循环泵无跳闸条件。

（2）省煤器再循环泵联动条件。运行泵跳闸，备用泵连锁启动。

（3）省煤器再循环泵跳闸条件。当低压省煤器处排气温度达到规定值及泵过负荷时省煤器再循环泵跳闸。

10-38　简述省煤器再循环泵运行中轴承金属温度高的原因及处理方法。

答：省煤器再循环泵运行中轴承金属温度高的原因如下。

（1）冷却水中断。

（2）润滑油变质、油量少。

省煤器再循环泵运行中轴承金属温度高的处理方法如下：

（1）若冷却水中断，立即恢复冷却水。若不能恢复冷却水，轴承温度超过规定值应立即停止该省煤器再循环泵，启动备用泵。

（2）若润滑油量少造成温度高应加油。若润滑油变质造成轴承温度高应停止省煤器再循环泵，启动备用省煤器再循环泵。

（3）汇报值长，通知检修处理。

10-39　简述余热锅炉高压系统汽水流程。

答：高压给水经过高压给泵后，一部分去高压过热器减温器；一部分依次经过高压省煤器进入高压汽包。高压汽包中的水经过下降管，进行自然水循环后，在蒸发器内受热后成为汽水混合物回到汽包。在汽包内进行汽水分离后，分离出来的水回到汽包的水空间，饱和蒸汽则通过饱和蒸汽引出管被送到过热器，饱和蒸汽在高压过热器内继续被加热成为过热蒸汽，进入汽轮机高压缸做功。

10-40　简述余热锅炉中压系统汽水流程。

答：中压给水经过中压给泵后，一部分去再热器减温器；一部分进入中压省煤器，被加热到接近饱和温度后，一部分去燃气性能加热器，一部分进入中压汽包。中压汽包中的水经过下降管，进行自然水循环后，在蒸发器内受热后成为汽水混合物回到汽包，在汽包内进行汽水分离后，分离出来的水回到汽包的水空间，饱和蒸汽则通过饱和蒸汽引出管被送到过热器，饱和蒸汽在中压过热器内继续被加热成为过热蒸汽，与高压缸排汽相混合后，进入再热器，温度进一步提高后，进入汽轮机中压缸做功。

10-41　简述高压给水泵启动的条件。

答：高压给水泵启动的条件如下。

(1) 低压汽包水位大于启动水位。

(2) 冷却水系统启动且温度低于设定值。

(3) 润滑油压大于设定值。

(4) 给水泵进口阀全开。

(5) 最小流量阀保持开状态。

(6) 勺管在规定位置。

(7) 滤网差压小于设定值。

(8) 油箱温度大于设定值。

(9) 给水泵注水完毕。

(10) 给水泵出口主给水管路电动阀关闭。

10-42　简述高压旁路系统的作用。

答：高压旁路系统的作用如下。

(1) 在机组启动的早期控制高压管道蒸汽的压力。

(2) 在停机时，通过将高压蒸汽旁通到凝汽器中去控制高压管道蒸汽压力。

(3) 在正常运行工况保持备用状态，如果蒸汽轮机蒸汽入口阀突然关闭，可以从高压旁路管道将蒸汽导流到凝汽器中，控制蒸汽管道的压力。

10-43 高压旁路在何种情况下将关闭？

答：高压旁路在下列情况下将关闭。

（1）凝汽器真空低。

（2）没有减温水。

（3）过热蒸汽温度高二值。

（4）凝汽器水位高二值。

10-44 余热锅炉加药系统的作用是什么？

答：余热锅炉加药系统的作用是保持汽水品质或循环冷却水的品质，防止对管道及设备的损害。

10-45 余热锅炉疏水及排气系统的作用是什么？

答：余热锅炉疏水及排气系统的作用是在机组启动、停止和运行时，防止管路中有水或空气，防止汽蚀或蒸汽带水对设备的损害。

10-46 余热锅炉辅助设备故障处理的一般原则有哪些？

答：余热锅炉辅助设备故障处理的一般原则如下。

（1）发现辅助设备故障跳闸后应立即检查备用辅助设备是否已自投，若未自投应立即手动投上。

（2）若检查发现辅助设备运行异常，如异声、振动大、轴承温度高、出力不足、润滑油漏等情况，应立即汇报值班负责人，联系切换备用辅助设备并通知检修进行处理。

（3）辅助设备跳闸后应到就地检查设备，确认无异常后方可再次启动。

（4）出现下列情况，禁止启动。

1）跳闸原因未查明。

2）设备故障未消除。

3）频繁试转。

10-47　给水泵运行中噪声过大的处理方法有哪些？

答：给水泵运行中噪声过大的处理方法如下。

（1）修正进水条件。

（2）检查泵组对中，必要时重新对中。

（3）重新平衡泵转子。

（4）增加水泵进水压力。

10-48　什么叫过热器热偏差？由哪些原因引起？

答：过热器运行中各根管子的蒸汽焓各不相同，这种吸热不均的现象叫做过热器热偏差。

过热器热偏差是由热力不均匀（温度偏斜）和流量不均两方面原因引起的。

10-49　转动机械在运动中轴承油位不正常升高的原因有哪些？

答：转动机械在运行中轴承油位不正常升高的原因如下。

（1）轴承室内的冷却水管漏，水流入油中，使油位升高。

（2）油位计上部形成真空，产生假油位，指示升高。

（3）油位计与轴承腔室联通管堵，形成假油位。

（4）油质差，产生泡沫使油位指示升高。

10-50　液力偶合器的作用如何？

答：通过改变泵轮与涡轮流道内的油量，就能控制涡轮的转速，达到工作机械无级调速的目的，同时液力偶合器还具有空载启动电动机，可控地逐步启动大容量转动设备，保护动力系统免于过载损坏，离合方便，便于自动化和遥控，除轴承外、无磨损等一系列优点。

10-51　省煤器为什么会发生腐蚀？如何预防？

答：造成省煤器内部腐蚀的原因，主要是给水中含有腐蚀性气体，当省煤器中水流速很低时，腐蚀性气体可能从水中分离出来，停留在水平管子上，引起内部腐蚀，这种现象多发生在管子局部，称为局部腐蚀。如果给水的pH值过低，水显酸性，会使金属的氧化保护层溶解，使腐蚀加快。

预防措施主要有：

（1）保持给水中较高的pH值。

（2）省煤器中水的流速不能过低。

10-52 给水流量孔板的工作原理如何？

答：在给水管道内装入节流孔板，流体流过节流孔板时，在节流孔板前、后产生压差，在一定条件下，压差和流量之间有确定的函数关系。因此可以通过测量压差来测量流量。

10-53 什么叫自然循环？其工作原理怎样？

答：依靠工质本身的密度差所造成的水循环叫自然循环。

其工作原理：水在蒸发器中受热并产生部分蒸汽，成为汽水混合物，由于汽水混合物的密度小于下降管中水的密度，两者不平衡的力将上升管中的汽水混合物推向上流，进入汽包，并在汽包内进行汽水分离。分离出来的饱和水同省煤器来的水混合后，又经过下降管流入蒸发器内继续循环。由此可见，自然循环的推动力是由于下降管工质的密度与蒸发器工质的密度之差而产生的。

10-54 汽包有什么作用？

答：汽包是自然循环锅炉必不可少的部件之一，其作用如下。

（1）汽包中存有一定的水，因而有一定的储热能力，当工况变化时可以减缓汽压的变化速度。

（2）汽包内进行汽水分离，并有连排加药装置，用以保证蒸汽品质合格。

(3) 汽包与下降管、蒸发器组成循环回路，同时汽包又接受省煤器来的给水，还向过热器输送饱和蒸汽，因此汽包是加热、蒸发、过热三个过程的连接枢纽。

(4) 汽包上安装有压力表、水位计、安全阀，用以保证锅炉安全工作。

10-55 什么是虚假水位？虚假水位是怎样产生的？

答： 虚假水位是锅炉运行时不真实的水位。

当汽包压力突降时，炉水饱和温度下降到压力较低时的饱和温度，使炉水大量放出热量进行蒸发，由于炉水内的汽泡增加，汽水混合物体积膨胀，促使水位很快上升，形成虚假水位。当汽包压力突升时则相应的饱和温度提高，一部分热量被用于加热炉水，而用来蒸发炉水的热量则减少，炉水中汽泡量减少，使汽水混合物的体积收缩，促使水位很快下降，形成虚假水位。此外，燃气轮机负荷骤加或骤减时，水的比容将增大或减小，也会形成虚假水位。

10-56 余热锅炉发生哪些情况时燃气轮机及余热锅炉将跳闸？

答： 余热锅炉发生下列情况时燃气轮机及余热锅炉将跳闸。

(1) 高压汽包水位高至＋254mm。

(2) 中压汽包水位高至＋152mm。

(3) 低压汽包水位高至＋610mm。

(4) 高压汽包水位低至－711mm，延时。

(5) 中压汽包水位低至－533mm，延时。

(6) 低压汽包水位低至－914mm，延时。

(7) 性能加热器底部液位高高。

(8) 尾部烟道压力高高。

(9) 汽轮机已经跳闸，但是旁路无法开启。

10-57　余热锅炉紧急停炉的条件有哪些？

答：余热锅炉达到下列任一条件，进行紧急停炉。

（1）锅炉严重满水。

（2）锅炉严重缺水。

（3）锅炉水位计或安全门完全失效。

（4）燃气轮机排气异常，危机锅炉机组安全运行。

（5）锅炉汽、水管道爆破及元件损坏，危及设备和人身安全。

（6）锅炉钢架、护板严重损坏。

（7）汽轮机保护动作须紧急停炉。

（8）过热蒸汽温度高二值，而保护不动作。

（9）冷再热温度高三值，而保护不动作。

（10）热再热温度高二值，而保护不动作。

（11）烟道出口烟气压力高。

（12）达到锅炉跳闸条件而保护不动作。

10-58　余热锅炉汽包满水现象及处理方法有哪些？

答：余热锅炉汽包满水现象如下。

（1）余热锅炉水位计指示过高（高压汽包水位 254mm，中压汽包水位 152mm，低压汽包水位 610mm）。

（2）蒸汽导电率指示增大。

（3）过热蒸汽流量有所减少。

（4）严重满水时，汽温直线下降，蒸汽管道发生水冲击。

余热锅炉汽包满水处理方法如下。

（1）当水位高至报警水位时，发出水位高值报警时，确认水位确实高时开启事故放水阀。此时运行人员应判明水位高的原因，进行处理，必要时将给水自动调节阀置手动，适当减少给水流量。

（2）若水位高保护拒动，则应立即手动停炉，单炉运行时停汽轮机，打开汽轮机主蒸汽管道上的疏水阀，同时打开汽包定期排污电动阀，严密监视汽包水位，若水位高保护信号在水位计重新出现时，应适当关小或关闭汽包定期排污电动阀。保持正常水位，待事故原因已查明并消除后，重新恢复余热锅炉正常运行。

10-59 余热锅炉汽包缺水现象及处理方法有哪些？

答：余热锅炉缺水的现象如下。

（1）水位计指示低。

（2）给水流量不正常地小于蒸汽流量。

余热锅炉缺水的处理方法如下。

余热锅炉缺水，主要是依靠仪表指示、信号报警和水位保护装置来判断，当水位低至报警水位时，发出水位低报警信号，此时运行人员应判明水位低的原因并进行处理，必要时将给水自动调节改为手动控制，适当增加给水量，若处理无效，水位下降至事故水位时，余热锅炉保护动作，对应燃气轮机跳闸，单炉运行时，联跳汽轮机。如保护拒动，则应手动停炉。

10-60 余热锅炉汽水共腾现象及处理方法有哪些？

答：余热锅炉汽水共腾现象如下。

（1）汽包水位发生急骤波动，严重时，汽包水位计看不清水位。

（2）过热蒸汽温度急骤下降。

（3）严重时，蒸汽管内发生水冲击。

余热锅炉汽水共腾的处理方法如下。

（1）适当降低余热锅炉蒸发量，并保持稳定。

（2）全开连续排污门，必要时，开启事故放水门或其他排污门。

（3）停止加药。

（4）维持汽包水位略低于正常水位。

（5）开启过热器和蒸汽管道疏水门，并开启汽轮机有关疏水门。

（6）通知化学值班人员加强取样化验，采取措施改善炉水质量。

（7）在炉水质量未改善前，不允许增加余热锅炉负荷。

（8）故障消除后，应冲洗汽包水位计。

10-61　运行中 DCS 故障时余热锅炉如何处理?

答：运行中 DCS 故障时余热锅炉的处理方法如下。

（1）迅速查看报警信息栏，确定 DCS 故障类型。

（2）若为 DCS 环网故障，应立即手拍紧急停炉按钮停炉，同时还应到就地，根据就地启动盘水位计情况，决定是否停给水泵、低压省煤器循环泵，以防由于汽包缺水或满水，造成设备损坏。

（3）若为 DCS 部分卡件故障，则应视故障情况及时调整运行方式或切换备用设备。同时联系检修立即处理，及时消除故障。值班人员应严密监视汽包水位、主汽温度、压力，必要时紧急停炉。

（4）若 DCS 故障不能及时消除，并影响设备正常运行时，可申请故障停炉。

10-62　简述余热锅炉出现烟道尾部再燃烧的现象、原因及处理方法。

答：余热锅炉烟道尾部再燃烧的现象如下。

（1）排烟口有热浪冲击，排烟温度下正常地上升。

（2）炉墙保温壳有烧焦现象。

（3）各排烟热电偶检测到的温度异常增大。

余热锅炉烟道尾部再燃烧的原因如下。

（1）燃气轮机故障导致天然气燃烧不完全。

（2）停机后，燃料截止阀的调节阀关闭不严。

余热锅炉烟道尾部再燃烧的处理方法如下。

（1）严格控制燃气轮机负荷，避免燃气轮机长时间低负荷运行，并严格监视排气温度。

（2）燃气轮机停止后，应检查是否有燃料漏入烟道。

（3）停炉后，严格监视烟道各点温度变化，当排烟温度异常升高到200℃时，应立即进行分析、判断，若温度急剧上升，应采取灭火扑救。

（4）若运行中发生烟道尾部再燃烧，应立即停炉。

10-63　简述余热锅炉过热器管及蒸发器管损坏现象及处理方法。

答：余热锅炉过热器管及蒸发器管损坏的现象如下。

（1）过热蒸汽流量减少，明显小于给水流量。

（2）严重损坏时锅炉汽压下降。

（3）过热蒸汽温度由于流量减少而温度增高。

（4）过热器、蒸发器附近有汽流冲击声，严重时产生排烟口冒白烟。

余热锅炉过热器管及蒸发器管损坏的处理方法如下。

（1）立即汇报，加强检查并注意事故发展情况。

（2）如损坏不严重，允许短时间维持正常，提出申请停炉检修。

（3）如损坏严重，应停炉，以免破口处大量蒸汽喷出吹坏附近管子，使事故扩大。

（4）停炉后，应保持汽包水位正常。

10-64　简述给水管道水冲击的常见原因及处理方法。

答：给水管道水冲击的原因如下。

（1）上水时未排净管内的空气。

（2）给水泵运行不正常、水压变化大或出力不足。

（3）给水管道支、吊架不牢固。

（4）给水温度变化剧烈。

（5）给水调节门前、后压差过大。

给水管道水冲击的处理方法如下。

（1）开启给水管道空气门，排净管内空气。

（2）保持给水压力、给水温度相对稳定，给水泵出力应满足负荷的需要。

（3）联系检修部门处理不牢固的支吊架。

（4）运行中给水调节门的开度不宜过小，应利用给水泵转速来调节给水压力及汽包水位。

10-65 运行中 6kV 厂用电中断时，怎样对锅炉进行处理？

答：（1）若 6kV 厂用电源部分消失，且余热锅炉未跳闸时：

1）检查备用泵是否启动，否则应迅速切至备用泵运行，同时调整好余热锅炉参数，必要时可减负荷运行。

2）检查备用泵运行情况，跳闸泵需要隔离的应隔离。

3）严格控制汽包水位，若给水泵跳闸造成水位低到停炉保护值，应紧急停炉。

4）及时调整减温水量，保持蒸汽温度稳定。

（2）若 6kV 厂用电全部中断余热锅炉保护跳闸。

1）将所有 6kV 辅机复位至停止位置。

2）关烟囱挡板。

3）待厂用电恢复后，重新开启烟囱挡板，启动机组。

10-66 简述锅炉仪控电源中断时的现象及处理方法。

答：锅炉仪控电源中断时的现象如下。

（1）电动执行机构异常，开度回零，无法对设备进行遥控。

（2）仪表指示异常，报警信号灯不亮，无声响。

（3）余热锅炉调节失常，甚至跳闸。

锅炉仪控电源中断时的处理方法如下。

（1）保持负荷稳定，避免过多调节。

（2）将设备改为手动，就地观察表计情况，并及时联系检修人员。

（3）要求热工、电气人员迅速处理，尽快恢复供电。

（4）应严密监视汽包水位，必要时紧急停炉。

（5）若热工电源不能及时恢复，应立即停炉。

（6）不论热工电源恢复与否，若汽包水位达到紧急停炉条件，应立即紧急停炉。

10-67　锅炉启动过程中为什么不宜用减温水或尽量少用减温水？

答：在锅炉启动过程中对过热器的冷却主要是取决于排汽量的大小，如果用向空排汽来控制排汽量则因为其额定排汽量较小，尤其在启动初期更低，此时通过蛇行管的蒸汽流速也很低，这就会引起蛇行管之间的蒸汽流速不均匀，如果大量地使用了减温水很可能在某些蒸汽流速较低的蛇行管内积水造成水塞，使管子过热，因此在启动过程中尽可能避免使用减温水。

10-68　汽包锅炉上水时应注意哪些问题？

答：汽包锅炉上水时应注意的问题如下。

（1）注意所上水质合格。

（2）合理选择上水温度和上水速度。为了防止汽包因上、下壁温差和内、外壁温差大而产生较大的热应力，必须控制汽包壁温差不大于40℃。故应合理选择上水温度，严格控制上水速度。

（3）保持较低的汽包水位，防止点火后的汽水膨胀。

（4）上水完成后检查水位有无上升或下降趋势。提前发现给、放水门有无内漏。

（5）高、中压系统上水前尽量投入低压汽包加热，提高给水温度。

（6）省煤器上水时注意排尽省煤器内空气。

（7）锅炉上水后应对炉水水质进行化验、若水质不合格应进行锅炉冲洗。

10-69 在手控调节给水量时，给水量为何不宜猛增或猛减？

答：锅炉在低负荷或异常情况下运行时，要求给水调节自动改为手动。手动调节给水量的准确性较差，故要求均匀缓慢调节，而不宜猛增、猛减，大幅度调节。大幅度调节给水量时，由于调节系统存在的固有延时性，可能会引起汽包水位的过量调节而使水位反复波动。另外，给水量变动过大，将会引起省煤器管壁温度反复变化，使管壁金属产生交主应力，时间长久，将导致省煤器焊口漏水。

10-70 简述低压汽包紧急放水电动阀连锁打开、连锁关闭的条件。

答：连锁打开（以下条件“与”）的条件如下。

（1）燃气轮机点火成功或余热锅炉停止。

（2）低压汽包液位大于500mm。

（3）低压汽包紧急放水子环投入。

连锁关闭（以下条件“与”）的条件如下。

（4）燃气轮机点火成功或余热锅炉停止。

（5）低压汽包紧急放水子环投入。

（6）低压汽包液位小于0mm。

10-71 汽包内炉水加磷酸盐处理的意义是什么？

答：防止锅内结垢，若单纯用锅炉外水处理除去给水所含硬度，需用较多设备，会大大增加投资；而加大锅水排污，不但增加工质热量损失，也不能消除炉水残余硬度。因此，除采用锅炉外水处理外，也在锅炉内对锅水进行加药处理，清除锅水残余硬度，防止锅炉结垢。其方法是在锅水中加入磷酸盐，使磷酸根离子与锅水中钙镁离子结合，生成难镕于水的沉淀泥渣，定期排污排除，使炉水保持一定的磷酸根，既不产生结垢和腐蚀，又保证蒸汽品质。

10-72 简述运行中过热蒸汽温度和再热蒸汽温度的调节方法。

答：蒸汽温度的调节方式有两种，即从烟气侧调节蒸汽温度和从蒸汽侧调节蒸汽温度。在烟气侧调节蒸汽温度时，通常有两种途径，即改变通过过热器的烟气流量或过热器进口的烟气温度。烟气侧调节蒸汽温度时，蒸汽温度可按需要升高或降低，不需要增加额外的受热面，但这种调节蒸汽温度方式的调节精度较低，一般用做粗调。蒸汽侧调节蒸汽温度的主要方式为喷水减温，烟气侧的调节蒸汽温度方式只有调整燃气轮机负荷一种方式。

10-73 简述中压汽水系统的流程。

答：中压给水泵把来自低压汽包的部分给水送入中压省煤器加热后，进入中压汽包。进入中压汽包的给水，由中压蒸发器下降管引入中压蒸发器，吸热后上升进入中压汽包进行汽水分离，分离后饱和水回下降管。中压饱和蒸汽由中压汽包上部的中压饱和蒸汽引出管引出，进入中压过热器吸热后成为中压过热蒸汽。中压过热蒸汽与在汽轮机高压缸做功后排出的蒸汽混合后，进入再热器一级，经过一级减温器后，进入再热器二级，然后作为再热蒸汽被送到汽轮机的中压缸做功。

10-74 简述省煤器管损坏的现象、原因和处理方法。

答：省煤器管损坏的现象如下。

（1）给水流量不正常地大于蒸汽流量，严重时汽包水位下降。

（2）省煤器烟道内有蒸汽（水）的冲击声。

（3）排烟温度降低，排烟口冒白烟。

（4）省煤器爆管处有泄漏声，从不严密处向外冒汽，严重时从烟道下部滴水。

省煤器管损坏的原因如下。

（1）给水品质不合格，使省煤器管内结垢腐蚀。

（2）给水温度变化频繁，金属产生疲劳裂纹，引起爆管。

（3）管材或管子焊口质量不合格，也会引起管子损坏。

省煤器管损坏的处理方法如下：

（1）省煤器轻微泄漏时，应加强给水，维持正常水位，待申请停炉进行处理。

（2）省煤器损坏严重时，不能维持正常水位，应停炉处理。

10-75　简述蒸汽及给水管道损坏的现象、原因和处理方法。

答：蒸汽及给水管道损坏的现象如下。

（1）管道有轻微漏泄时，会发出响声，保温层潮湿或漏汽、滴水。

（2）管道爆破时，发出显著响声，并喷出汽水。

（3）蒸汽或给水流量变化异常，若爆破部位在流量表前，流量表读数减少；若在流量表之后，流量表读数增加。

（4）蒸汽压力或给水压力下降。

蒸汽及给水管道损坏的原因如下。

（1）蒸汽管道暖管不充分，产生严重的水冲击。

（2）蒸汽管道超温运行，蠕胀超过标准或运行时间过久，金属强度降低。

（3）给水质量不良，造成管壁腐蚀。

（4）给水管道局部冲刷，管壁减薄。

（5）管道的支架装置安装不正确，影响管道自由膨胀。

（6）管道安装不当，制造有缺陷，材质不合格，焊接质量不良。

蒸汽及给水管道损坏的处理方法如下。

（1）若蒸汽管、给水管轻微泄漏，能够维持锅炉给水，且不致很快扩大故障时，可维持短时间运行。

（2）若故障加剧，直接威胁人身或设备安全时，则应停炉处理。

10-76　简述安全门故障的现象、原因和处理方法。

答：安全门故障的现象如下。

(1) 达到动作压力而安全门拒动。

(2) 安全门起座后不回座。

安全门故障的原因如下。

(1) 机械定值不正确。

(2) 机械部分卡涩、锈死。

(3) 安全门卡板未取下。

安全门故障的处理的方法如下。

(1) 安全门不起座的处理。

1) 立即开启向空排汽门，如有必要，汽轮机开旁路，降低燃气轮机负荷。

2) 通知检修迅速处理。

3) 若压力快速上升无法控制时，应立即停炉。

(2) 安全门起座后不回座的处理。

1) 降低燃气轮机负荷，降低蒸汽压力，使安全门回座。

2) 通告检修人员到现场检查处理。

3) 若蒸汽压力降至动作压力 80%，而安全门仍不回座，请求停炉处理。

4) 在处理过程中，应注意调节汽包水位、蒸汽温度，监视汽包上、下壁温差。

10-77　简述余热锅炉 400V 工作电源中断的现象、原因和处理方法。

答：余热锅炉 400V 工作电源中断的现象如下。

(1) 400V 电动机电流表、电压表指示回零。

(2) 运行中 400V 电动机停止转动，低电压保护动作，音响报警。

(3) 与 400V 设备相关的热工、电气仪表指示异常，电动阀、调节阀不能操作。

余热锅炉 400V 工作电源中断的原因如下。

（1）低压厂用变压器或厂用母线故障。

（2）电缆故障，引起厂用电开关跳闸，备用电源未自投。

（3）误操作。

余热锅炉 400V 工作电源中断的处理方法如下。

（1）确认 400V 厂用电已中断，应立即紧急停止燃气轮机，汇报值长和有关领导。

（2）复置跳闸辅机开关，将各自动调节切为手动，电动门及电动执行机构应手动操作。

（3）密切注意锅炉的水位、蒸汽温度和蒸汽压力变化情况，及时进行相应的操作。

（4）在处理过程中，应注意调节汽包水位、蒸汽温度，监视汽包上、下壁温差。

10-78　简述余热锅炉 DCS 故障的现象、原因和处理方法。

答：余热锅炉 DCS 故障的现象如下。

（1）无显示画面，或画面显示不正常。

（2）各阀门、仪表指示异常，无法调节。

（3）锅炉各自动调节失灵。

余热锅炉 DCS 故障的原因如下。

（1）DCS 电源故障，且 UPS 工作不正常。

（2）DCS 环网故障。

（3）DCS 部分卡件故障。

余热锅炉 DCS 故障的处理方法如下。

（1）迅速查看报警信息栏，确定 DCS 故障类型。

（2）若为 DCS 环网故障，应立即停炉，除手拍紧急停炉按钮外，还应到就地，根据就地水位计情况，决定是否停给水泵，以防汽包缺水或满水，造成设备损坏。

（3）若为 DCS 部分卡件故障，则应视故障情况及时调整运行方式或切换备用设备。

（4）联系检修立即处理，及时消除故障。

（5）严密监视汽包水位，主蒸汽温度、压力，必要时紧急停炉。

（6）若DCS故障不能及时消除，并影响设备正常运行时，可申请故障停炉。

10-79　简述炉内水击的现象、原因和处理方法。

答：炉内水击的原因如下。

（1）在供汽时，蒸汽管道没有进行充分疏水，导致管道水冲击。

（2）供汽时开启阀门速度太快。

（3）主蒸汽管道托架松动，引起振动。

（4）省煤器进口烟气温度过高，引起给水温度过高，使水在省煤器内汽化沸腾，引起冲击。

炉内水击的现象如下。

（1）余热锅炉汽包或管道内有水击声。

（2）汽包水位下降。

炉内水击的处理方法如下。

（1）在送汽时管道发生水击声，应立即关闭阀门，停止供汽，进行管道疏水，然后再缓慢开启阀门送汽。

（2）若因水平管道的支架松动引起管道振动，应立即将支架和管卡加固。

（3）如省煤器内水沸腾，则应调节省煤器出口水温，使其低于对应饱和温度或适当降低燃气轮机的排烟温度。

10-80　简述汽包水位计损坏的现象、原因和处理方法。

答：汽包水位计损坏的现象如下。

（1）结合面或测点漏汽，玻璃板损坏或爆破，有强大的排汽声。

（2）电源中断或测点断线（低位水位表无指示）。

汽包水位计损坏的原因如下。

（1）炉水品质差、结垢，而运行中未能定期冲洗，汽、水长时间冲刷测点。

（2）汽、水一次门阀芯脱落，冲洗水位计操作不正确。

（3）水位计本体或盖板有变形，使其受力不均。

汽包水位计损坏的处理方法如下。

（1）如一只汽包就地水位计损坏时，将损坏的水位计解列，关闭汽、水门，开启放水门，向值长汇报，联系检修迅速恢复损坏的水位计，并核对另一只汽包水位计；如汽包水位计全部损坏，而具备下列条件时，允许锅炉继续运行 2h。

1）给水自动调节器动作可靠。

2）水位警报器好用，可靠。

3）两台就地水位计的指示正确，并且在 4h 内曾与汽包就地水位指示对照过，此时，应保持锅炉负荷稳定，并采取紧急措施，尽快修复一台汽包水位计。

（2）如果自动调整器或水位警报器动作不可靠，在汽包水位计全部损坏时，只允许根据可靠的就地水位计维持锅炉运行15～20min。如汽包水位计全部损坏，且就地水位计运行不可靠时，应立即停炉。

第十一章

余热锅炉烟气脱硝系统运行操作技能

11-1 脱硝系统投运前的准备和检查内容有哪些？

答： 脱硝系统投运前的准备和检查内容如下。

（1）检查脱硝系统检修工作已结束，系统管道、阀门完好，现场清洁。

（2）检查系统中的各热工仪表在投入状态且工作正常。

（3）检查空气压缩机系统投入正常。

（4）检查喷淋装置及洗眼器供水正常。

（5）检查脱硝罐液位正常。

（6）按阀门卡检查确认系统阀门的位置正确。

（7）检查脱硝系统电动机电缆及接线盒完好，接地线牢固，电动机及泵体地脚螺栓紧固，联轴器连接牢固。

（8）脱硝系统电动机测绝缘合格，电源已正常投入。

11-2 脱硝系统的启动顺序如何？

答： 脱硝系统的启动顺序如下。

（1）确认雾化风机入口烟气温度大于 280℃。

（2）在 DCS 上启动雾化风机，确认出口门联开，出口压力正常。

（3）在 DCS 上开雾化风调节阀，调整流量。

（4）在 DCS 上启动加氨泵并确认出口母管球阀联开，出口压力正常。

（5）在 DCS 上调节氨水流量调节阀，保证脱硝率大于 85%。

（6）检查雾化风机及加氨泵振动、温度正常，无异音。

（7）检查脱硝管道无跑、冒、滴、漏现象。

（8）检查脱硝间无氨汽浓度高报警。

11-3 脱硝系统运行中的监视和检查内容有哪些？

答：脱硝系统运行中的监视和检查内容如下。

（1）检查系统管路、阀门位置正常，无跑、冒、滴、漏现象。

（2）检查脱硝率大于85%。

（3）检查加氨泵出口压力大于0.2MPa。

（4）检查蒸发器出口温度大于150℃。

（5）检查雾化风机无过热、无异常声响；振动位移合格，小于0.05mm。

（6）检查加氨泵无过热、无异常声响；振动位移合格，小于0.08mm。

（7）检查氨罐液位正常。

（8）检查氨储罐压力为0～40kPa。

（9）检查氨水罐及装载站泄漏检测合格。

（10）检查脱硝间排污坑水位较低，废液泵投自动正常。

（11）检查备用雾化风机及加氨泵备用正常。

11-4 脱硝系统的停运步骤有哪些？

答：脱硝系统的停运步骤如下。

（1）停加氨泵，检查出口球阀联关。

（2）关闭氨水流量调节阀。

（3）按顺序控制逻辑停雾化风机。

（4）关闭压缩空气调节阀。

11-5 脱硝过程中为何要严格控制喷氨量？

答：氨作为还原剂，过多或过少都不好。氨过少，脱硝不彻底；氨过多，就会产生副反应，生成硫酸氨，具有腐蚀性，同时影响催化剂的效果。因此，脱硝过程中要严格控制喷氨量。

11-6　工作人员不小心接触到氨气而受到伤害时需采取的措施有哪些？

答：工作人员不小心接触到氨气而受到伤害时需采取的措施如下。

（1）如果工作人员因为吸入氨气过量而中毒，应使中毒人员迅速离开现场，转移到空气清新处，保持呼吸道畅通，并等待医务人员或送往就近医院进行抢救。

（2）如果工作人员皮肤接触到氨气，应立即除去受污染的衣物，用大量的清水冲洗皮肤或用3％的硼酸溶液冲洗。

（3）如果工作人员眼睛受到氨气的伤害，则必须立即翻开上、下眼睑，用流动的清水或生理盐水冲洗至少20min，并送医院急救。

11-7　简述脱硝系统流程。

答：SCR脱硝系统的催化剂层安装在余热锅炉受热面高压省煤器和中压过热器之间。输氨泵把氨水输送到氨蒸发槽喷嘴处，经压缩空气雾化进入氨蒸发槽；脱硝风机抽取部分热烟气进入蒸发槽底部，雾化的氨水被加热气化，随烟气进入喷氨栅格（AIG），与炉内的烟气均匀混合后在催化剂表面反应，氮氧化物被还原为氮气和水。

11-8　脱硝系统的作用有哪些？

答：脱硝系统的作用是在合适的温度条件下，在催化剂的作用下利用还原剂氨把烟气中有害的氮氧化物还原为无害的氮气和水。

11-9　哪些情况下需要紧急退出SCR？

答：下列情况下需要紧急退出SCR。

(1) 氨水/烟气比率不正常。

(2) 烟气温度不正常。

(3) 蒸发器出口温度不正常。

(4) 烟气流量低。

11-10　氨水泄漏的现象和原因是什么?

答: 氨水泄漏的现象如下。

(1) 氨水罐及装载站泄漏检测超标。

(2) 加氨泵保护停运。

(3) 喷淋电磁阀打开喷水。

氨水泄漏的原因如下:

(1) 氨罐泄漏。

(2) 加氨系统管道泄漏。

11-11　氨水泄漏后如何处理?

答: 氨水泄漏后的处理方法如下。

(1) 汇报值长及相关部门。

(2) 佩戴防毒面具及防护服进入现场检查。

(3) 若加氨泵管道泄漏,应将泄露处隔绝。

(4) 若氨罐泄漏,根据泄漏口大小及形状进行临时封堵。

(5) 根据风向及泄漏情况向下风头人员发出疏散撤离的通知,并在事故区域周围设立安全带。

(6) 若有受氨水伤害的人员应及时救治(用清水不间断冲洗),并联系医疗救治单位救治。

(7) 临时封堵结束后将氨罐氨水倒空,全面检查,确定造成泄漏原因。

第十二章

余 热 锅 炉 试 验

12-1　水压试验的定义是什么?

答: 水压试验是指按规定的压力和保持时间对锅炉受压元件、受压部件或整台锅炉机组用水进行的压力试验，以检查其有无泄漏和残余变形。

12-2　简述水压试验合格的标准。

答: 水压试验合格的标准如下。

(1) 升到试验压力后关闭给水门，停止给水泵后经过 5min，汽包压力下降值不大于 0.5MPa。

(2) 受压元件金属壁和焊缝没有泄漏痕迹。

(3) 受压元件没有明显的残余变形。

12-3　锅炉水压试验有哪几种? 水压试验的目的是什么?

答: 锅炉水压试验分为工作压力试验、超压试验两种。

水压试验的目的是为了检验承压部件的强度及严密性。

12-4　余热锅炉水压试验的范围包括哪些?

答: 余热锅炉水压试验的范围如下。

(1) 高压过热器和低压过热器。包括从汽包到主蒸汽截止阀的受热面及管道。

(2) 中压过热器。包括从汽包到再热器冷端的受热面及管道。

(3) 蒸发器所有循环管线。

（4）省煤器。包括从给水隔断阀到汽包的受热面及管道。

（5）再热器。包括从再热器冷端到用户的再热器热端接口间的受热面及管道。

12-5　余热锅炉水压试验合格标准如何？

答：余热锅炉水压试验合格标准如下。

（1）承压部件法兰、焊缝处无泄漏、破裂和水雾、水珠出现。

（2）在试验压力下停泵 5min 内过热器压力下降不超过 0.5MPa，再热器压降不超过 0.25MPa。

（3）承压部件无明显的残余变形。

12-6　什么时候应对锅炉机组做超压试验？

答：下列情况下应对锅炉机组做超压试验。

（1）超压试验压力为工作压力的 1.25 倍时。

（2）新安装锅炉投运时。

（3）锅炉过热器、再热器、省煤器管成组更换或者更换 50％以上水冷壁管时。

（4）锅炉停用一年以上。

（5）经两个大修周期（6～8 年）。

（6）锅炉严重缺水后受热面大面积变形时。

（7）根据运行情况，对设备安全可靠性有怀疑时。

（8）汽包进行了重大修理或过热器、水冷壁联箱更换时。

12-7　水压试验时如何防止锅炉超压？

答：水压试验是一项关系到锅炉安全的重大操作，必须慎重进行。防止锅炉起压的方法如下。

（1）进行水压试验前必须检查压力表投入情况。

（2）向空排汽、事故放水门电源接通，开关灵活，排汽、放水管畅通。

（3）试验时应有总工程师或其指定的专业人员在现场指挥，

并由专人控制升压速度，不得中途换人。

(4) 锅炉升压后，应关小进水调节门，控制升压速度不超过0.3MPa。

(5) 升压至工作压力的70%时，应放慢升压速度，控制升压速度不超过0.2MPa，同时做好防止超压的措施。

12-8　为什么锅炉进行超水压试验时，应将汽包水位计解列？

答：锅炉充满水开始升压时，汽包水位计已没有监视的必要。

因为锅炉运行时，一旦承压受热面发生爆破或泄漏，通常要停炉才能处理，往往造成很大的直接或间接损失。汽包水位计的玻璃板、石英玻璃管或云母片是薄弱环节，出厂时不像承压部件作过1.5～2.0倍工作压力的超水压试验，其强度裕量相对较小。水位计玻璃板、石英玻璃管经常是由于热应力过大或遭高温碱性炉水侵蚀而损坏的，而云母片往往是因受到炉水侵蚀，在水位不易观察时才更换。

规定汽包应设置不少于两个就地水位计，即使锅炉运行中一个就地水位计损坏解列，也不需停炉处理。

为了检验汽包水位计各密封点是否严密、无泄漏，汽包水位计应进行工作压力的水压试验，以便发现泄漏处及时消除。

12-9　水压试验的危险点有哪些？如何控制？

答：水压试验的危险点及控制措施如下。

(1) 操作阀门，使用工具不当。

后果：阀门损坏或泄漏伤人。

控制措施：操作阀门时应缓慢小心，并正确使用扳手，防止操作过力矩；操作阀门站在侧面，并戴防护手套。

(2) 高压系统上水，管道振动。

后果：损坏管道、阀门。

控制措施：上水前应将各空气门开启，待空气门处有连续水流出后关闭。

（3）高压系统上水，水位控制不当。

后果：补水损失。

控制措施：上水前关闭所有放水门、疏水门；严密监视汽包水位变化情况，并与上水量进行对照，严防跑水。

（4）高压系统上水管壁腐蚀。

后果：损坏管道设备。

控制措施：使用水温30～70℃的合格除盐水。

（5）高压系统上水泵流量过小。

后果：给水泵损坏。

控制措施：上水时操作给水调节阀，应缓慢调整，防止因止回阀不严造成给水泵故障；上水时注意给水泵最小流量阀动作情况，防止给水泵发生汽蚀。

（6）水压试验操作系统存在个别阀门未关严或未关闭。

后果：系统跑水，影响试验。

控制措施：严格按照系统检查票确认有关阀门均关闭严密。

（7）操作时锅炉水压试验压力过高。

后果：损坏管道设备。

控制措施：工作水压试验为5.7MPa，超工作压力的水压试验为高压联箱压力的1.25倍，为7.12MPa，以高压汽包压力表、加压泵压力表为观测压力表。

（8）进行水压试验操作时，管子泄漏。

后果：造成人身伤害。

控制措施：水压试验前必须保证与锅炉水压试验相关的汽水系统检修工作已结束，工作票终结。

12-10　为什么汽包安装两个安全阀？

答：汽包安装两个安全阀的原因如下。

（1）高、低压汽包均设置两个安全阀：一个为控制安全阀，另一个为工作安全阀。

（2）当锅炉压力超过规定值时，控制安全阀首先动作，如果压力继续升高，工作安全阀则动作。

（3）两个安全阀依次动作，能保证在锅炉压力不超过规定值的前提下，尽量减少安全阀的排汽量，以减少热量和工质损失。

12-11 为什么安全阀动作时，水位迅速升高？

答：安全阀动作前汽压较高，炉水和金属温度较高储存了较多热量，安全阀动作时，由于排汽量较大，汽压迅速降低，相对饱和温度降低，储存在炉水和金属中的热量，以炉水汽化的方式释放出来。水冷壁中水蒸气所占的体积因而增大，将水冷壁中的炉水排挤进汽包，而使汽包水位迅速升高。

安全阀动作的原因是因为汽压升高，而汽压升高的原因通常是锅炉负荷骤降造成的。安全阀动作时，大量蒸汽排空，对锅炉来说，相当于负荷急骤增加。所以，安全阀动作时，水位的变化规律与锅炉骤增是相同的。

因为安全阀动作时引起的水位升高是虚假水位，所以，此时不但不应该减少给水量，而且当安全阀复位，水位开始降低时应及时增加给水量，否则极容易引起汽包水位偏低，甚至造成汽包缺水事故。

12-12 锅炉安全阀校验的要求有哪些？

答：（1）锅炉大修或安全门检修后，必须进行安全门的热态校验，以保证其动作的准确性和可靠性。

（2）校验安全门时，一般应先校验再热器系统的安全门，后校验主蒸汽系统的安全门。同一系统安全门必须按照先高后低要求进行校验。

（3）校验安全门时，必须有专项措施，由锅炉压力容器监督工程师负责现场监督。

（4）校验安全门时，必须在就地安全门的主蒸汽和再热蒸汽管道上装设不低于 0.5 级的就地机械压力表（压力表校验合格）。

12-13 锅炉安全阀校验应具备什么条件？在什么情况下进行校验？

答：（1）锅炉安全阀校验应具备的条件如下。

1）锅炉检修工作已结束，对锅炉本体和辅机进行启动前检查，确认已符合启动要求。

2）校验现场与集控室之间已设置通信联络工具。

3）汽轮机旁路系统和真空系统能正常投运，凝汽器真空正常。

4）汽轮机具备盘车及抽真空条件。

5）DCS 系统运行正常，所有热工仪表投入，指示正常。

6）锅炉、汽轮机所有主、辅保护传动完毕并全部正常投入。

7）再热器安全门经冷态试验检查正常。

（2）锅炉大修后或安全阀解体检修后，都应校验安全阀的起座、回座压力。对于纯机械弹簧式安全阀可采用液压装置进行校验调整，一般在 75%～80%额定压力下进行，并应至少抽查一个安全阀作真实排汽试验，用以证明校验的准确性。

遇有下列情况之一时应进行安全阀校验。

1）锅炉大修后或安全阀解体检修后；

2）运行中，汽压超过安全阀动作压力后仍不动作，停炉后重新整定；

3）在锅炉运行中，为防止安全阀阀芯和阀座粘住，至少每个小修周期进行一次安全阀放汽试验（可在小修停炉过程中进行）或重新整定；

4）维护人员要求重新整定。

12-14 简述安全阀校验的顺序。

答：先高压、后低压，即汽包→过热器→再热器。

12-15　安全阀校验的注意事项有哪些?

答: 安全阀校验的注意事项如下。

(1) 汽包水位高保护解除，水位低保护投入。

(2) 安全阀校验时，升压应平稳缓慢，当压力升至动作压力时，应尽量维持压力稳定。

(3) 安全阀校验过程中，应监视炉膛出口温度不超过540℃。

(4) 当安全门超过整定值而未起座时，应打开向空排汽门，并停止升压，待降到工作压力以下时重新整定，防止过热器及再热器超压。

(5) 安全门起座和回座时，要加强对汽包水位的监视，并做好调整。

(6) 校验过程中，应保持高、低压旁路有一定的开度，使过热器、再热器内有一定量的蒸汽流通。

(7) 安全阀校验过程中，若出现其他异常情况或发生事故，应终止安全阀的校验工作。

12-16　给水泵切换的危险点有哪些? 如何控制?

答: 给水泵切换的危险点及控制措施如下。

(1) 周边有人工作。

后果: 影响人员安全和设备运行。

控制措施: ①启动设备前检查没有影响启动的检修工作。就地必须有运行人员，并与集控及时联系，如有其他人员工作应通知其撤离; ②现场人员在泵启动前必须站在泵的侧面（轴向位置)。

(2) 不具备启动条件。

后果: 启动后造成设备异常。

控制措施: 查看电机开关在远方工作位，DCS画面状态正确。按操作票逐项对设备进行检查，确认电动给水泵具备启动条件。

（3）未按规定测绝缘。

后果：启动后可能损坏电动机。

控制措施：查看给水泵上次启动的时间，并从设备测绝缘台账查看其电动机上次测绝缘的时间，确认是否需要测绝缘。

（4）给水泵倒转。

后果：造成给水泵和电动机损坏。

控制措施：确认给水泵无倒转现象。

（5）最小流量阀未开或未全开。

后果：造成憋压。

控制措施：检查再循环门就地位置指示在全开位。

（6）入口门未开。

后果：造成泵汽化。

控制措施：检查入口手动的机械位置在全开位。

（7）除氧水箱水位超低。

后果：造成给水泵汽化。

控制措施：确认汽包水位正常。

（8）轴承润滑不良。

后果：损坏给水泵或轴承。

控制措施：启动前检查轴承润滑油油质良好，补充油杯油位至1/2～2/3。

（9）泵冷却水回水温度高。

后果：润滑油温高，机械密封损坏。

控制措施：①启动前检查冷却水进、出口阀门在全开位置，回水温度正常；②确认工业水压力正常。

（10）未启动、启动堵转或反转。

后果：损坏给水泵或电动机。

控制措施：启动指令发出后应询问就地，电动机转子是否转动、转向是否正确、DCS画面电流变化是否正确。若出现未启动、堵转或反转的现象应立即停止。

（11）备用泵出力不正常。

后果：母管压力无变化。

控制措施：①就地检查判断备用泵出力是否正常；②就地检查出口手动门应在全开位置。

（12）电流大、振动大、声音异常。

后果：损坏冷水泵或电动机。

控制措施：启动后就地测振动大小，检查无异音、无焦糊味等异常现象。启动后从DCS画面密切监视电流变化是否正确、出口压力是否正常，如有任一参数超限，及时联系停运。

（13）点错操作框。

后果：造成误操作。

控制措施：操作由专人和专门画面进行，点开操作框后要由监护人确认正确。

（14）停泵后倒转。

后果：造成冷水泵和电动机损坏。

控制措施：如停泵后有倒转现象，立即关闭出口电动门并及时联系检修处理。

（15）连锁自动未投入。

后果：发生异常时无法正常联起。

控制措施：如停泵后母管压力或流量不正常下降，在确认停运泵无倒转现象后立即启动停运泵，稳定系统参数，并查找压力和流量下降原因。

（16）给水调节阀未解自动。

后果：调节阀波动大，水位和压力波动也较大。

控制措施：①确认切泵前，应该提前将调节阀解为手动控制；②适当关小调节阀开度。

12-17　锅炉炉水循环泵切换的危险点有哪些？如何控制？

答：锅炉炉水循环泵切换的危险点及控制措施如下。

（1）周边有人工作。

危害后果：影响人员安全和设备运行。

控制措施：①启动设备前检查没有影响启动的检修工作。就地必须有运行人员，并与集控及时联系，如有其他人员工作应通知其撤离。②现场人员在热水循环泵启动前必须站在泵的侧面（轴向位置）。

（2）不具备启动条件。

危害后果：启动后造成设备异常。

控制措施：查看电动机开关在远方工作位，DCS 画面状态正确。按操作票逐项对设备进行检查，确认炉水循环泵具备启动条件。

（3）未按规定测绝缘。

危害后果：启动后可能损坏电动机。

控制措施：查看炉水循环泵上次启动的时间，并从设备测绝缘台账查看其电动机上次测绝缘的时间，确认是否需要测绝缘。

（4）炉水循环泵倒转。

危害后果：造成泵和电动机损坏。

控制措施：确认炉水循环泵无倒转现象。

（5）最小流量阀未开或未全开。

危害后果：造成憋压。

控制措施：检查再循环门就地位置指示在全开位。

（6）入口门未开。

危害后果：造成炉水循环泵汽化。

控制措施：检查入口手动的机械位置在全开位。

（7）除氧水箱水位超低。

危害后果：造成炉水循环泵汽化。

控制措施：确认汽包水位正常。

（8）轴承润滑不良。

危害后果：造成轴承损坏。

控制措施：启动前检查轴承润滑油油质良好，补充油杯油位至 1/2～2/3。

(9) 炉水循环泵冷却水回水温度高。

危害后果：润滑油温高，机械密封损坏。

控制措施：①启动前检查冷却水进、出口阀门在全开位置，回水温度正常；②确认工业水压力正常。

(10) 未启动、启动堵转或反转。

危害后果：损坏炉水循环泵或电动机。

控制措施：启动指令发出后应询问就地电动机转子是否转动、转向是否正确、DCS画面电流变化是否正确。若出现未启动、堵转或反转的现象应立即停止。

(11) 备用泵出力不正常。

危害后果：母管压力无变化。

控制措施：①就地检查判断备用泵出力是否正常。②就地检查出口手动门应在全开位置。

(12) 电流大、振动大、声音异常。

危害后果：损坏炉水循环泵或电动机。

控制措施：启动后要就地测振动大小，检查无异音、无焦糊味等异常现象。启动后从DCS画面密切监视电流变化是否正确、出口压力是否正常，如有任一参数超限，及时联系停运。

(13) 点错操作框。

危害后果：造成误操作。

控制措施：操作由专人和专门画面进行，点开操作框后要由监护人确认正确。

(14) 停炉水循环泵后倒转。

危害后果：造成炉水循环泵和电动机损坏。

控制措施：如停炉水循环泵后有倒转现象，立即关闭出口电动门并及时联系检修处理。

(15) 连锁自动未投入。

危害后果：发生异常时无法正常联起。

控制措施：如停泵后母管压力或流量不正常下降，在确认停运炉水循环泵无倒转现象后立即启动停运泵，稳定系统参数，并查找压力和流量下降原因。

（16）给水调节阀末解自动。

危害后果是发生调节阀波动大，水位和压力波动也较大。

控制措施：确认切炉水循环泵前，应该提前将调节阀解为手动控制，适当关小调节阀开度。

第十三章

余热锅炉辅助设备运行

13-1　锅炉辅机试运转的条件有哪些?

答: 锅炉辅机试运转的条件如下。

(1) 机械检修工作全部结束，所有安全防护装置齐全、牢靠，符合启动条件。

(2) 电气检修工作全部结束，具备送电条件并填写“送电申请单”，要求电气人员送上电源。

(3) 联系热工人员送上有关设备电源。

(4) 联系汽轮机值班员投入工业水运行。

13-2　运行中切换高（低）压给水泵的操作步骤有哪些?

答: 运行中切换高（低）压给水泵的操作步骤如下。

(1) 确认备用泵、相关阀门在备用状态，除氧水箱水位在正常位。

(2) 将高压给水调节阀由自动位改为手动位控制，并适当关小调节阀开度。

(3) 解除高压给水泵的连锁，备用泵由自动位改为手动位。

(4) 启动备用泵，就地检查运行正常，待电流和出口压力稳定后停止主泵运行。

(5) 确认备用泵运行正常、电流正常。并进行主、备位置切换，备用泵投入自动位，投入连锁。

(6) 确认高压汽包水位稳定，无大幅波动，高压给水调节阀由手动位投入自动位运行。

13-3　高（低）压给水泵的隔离步骤有哪些？为什么隔离热备用状态下的高压给水泵时应该先关出口阀？

答：当运行时运行泵故障或者检修要求需要做隔离时，需要做相关隔离措施，其隔离步骤为：

（1）确认隔离泵已停运，并解除相关连锁，并解除自动位。

（2）关闭泵体的出口手动阀门。

（3）关闭泵体的入口手动阀门。（在关闭入口门的过程中，应密切注意泵内压力不升高，否则不能关闭进口门）

（4）关闭最小流量手动阀。

（5）打开泵体进、出口放水门，进行泄压放水。

隔离热备用状态下的高压给水泵时应该先关出口阀的原因如下：

（1）处于热备用状态下的给水泵进行隔离检修时，如果先关闭进水门，若给水泵出口止回门不严，泵内压力会升高。

（2）由于给水泵法兰及进水侧的管道都不是承受高压的设备，将会造成设备损坏，所以在给水泵隔绝检修时，必须先切断高压水源，最后再关闭给水泵进水门。

13-4　高（低）压给水泵在运行时切换的注意事项有哪些？切换过程中出口止回门关不严的现象有哪些？应如何处理？

答：高（低）压给水泵在运行时切换的注意事项如下。

（1）任何泵体在切换前应该在现场指派工作人员，确认备用泵备用良好，并与主控保持顺畅沟通。

（2）切换泵体后，就地应报告泵体运行情况，在运行正常情况下，电流和出口压力稳定可停止主泵运行。

（3）切换结束后，检查运行泵的电流和出口压力应正常。就地检查停运泵是否倒转。

切换过程中出口止回门关不严的现象如下。

（1）出口母管压力降低。

（2）出口母管流量降低。

（3）运行泵电流明显增大。

（4）就地停运泵倒转。

处理措施如下。

泵发生倒转时，应尽快关闭泵的出口阀门，使转子静止，禁止在出口门未关严情况下关闭进口门，防止泵入口侧超压。因此给水泵倒转不能关闭入口门，就是防止高压水冲击低压管道，把入口阀与泵体之间的低压部件损坏。

13-5 汽包的作用主要有哪些？

答：汽包的作用主要有：

（1）是工质加热、蒸发、过热三个过程的连接枢纽，同时作为一个平衡容器，保持水冷壁中汽水混合物流动所需压头。

（2）容有一定数量的水和汽，加之汽包本身的质量很大，因此有相当的蓄热量，在锅炉工况变化时，能起缓冲、稳定汽压的作用。

（3）装设汽水分离和蒸汽净化装置，保证饱和蒸汽的品质。

（4）装置测量表计及安全附件，如压力表、水位计、安全阀等。

13-6 为什么汽包内的实际水位比水位计指示的水位高？

答：由于水位计本身散热，水位计内的水温较汽包里的炉水温度低，水位计内水的密度较大，使汽包内的实际水位比水位计指示的水位要高10%～50%。随着锅炉压力的升高，汽包内的炉水温度升高，水位计散热增加，水温的差值增加，水位差值增大。

对于汽水混合物从汽包实际水位以下进入锅炉的情况，由于汽包水容积内含有汽泡，炉水的密度减小。当炉水含盐量增加时，汽包水容积内的汽泡上升缓慢，也使汽包内水的密度减小，汽包的实际水位比水位计水位更高。汽水混合物从汽包蒸汽空间进入，有利于减小汽包实际水位与水位计水位的差值。对于压力较高的锅炉，为了减小水位差值，可采取将水位计保温或加蒸汽夹套以减少水位计散热的措施。

13-7 汽包水位三冲量自动控制调节系统的原理是什么？

答：三冲量自动控制调节系统是较为完善的给水调节方式，包括汽包水位信号、蒸汽流量信号、给水流量信号。汽包水位信号是主信号，因为任何扰动都会引起水位变化，使调节器动作，改变水位调节器的开度，使水位恢复正常值；蒸汽流量信号是前馈信号，能防止由于虚假水位而引起的调节器误动作，以改善蒸汽流量扰动下的调节质量；给水流量信号是介质的反馈信号，能克服给水压力变化所引起的给水量的变化，使给水流量保持稳定，同时也就不必等到水位波动之后再进行调节。

13-8 简述锅炉上水的注意事项。

答：锅炉上水的注意事项如下。

（1）检查和完成上水前的相关系统阀门状态具备上水条件，确认无影响上水要求后方可进行上水操作。

（2）上水前必须汇报值长和单元长，并联系汽轮机专业，告知上水温度、上水用途、上水量及上水方式，以便及时准备。

（3）锅炉上水应采用合格的除盐水，上水方式应根据具体情况而定，若锅炉原已有水，经化学化验合格后，可上至或放至汽包水位－100mm 处，否则应重新上水。

（4）锅炉上水温度应大于 20℃，且与汽包壁温差不大于 50℃，若汽包壁温度低于除氧器加热水温时，必须采取正温差进水方式。

（5）锅炉上水应缓慢、均匀，一般规定夏季上水时间不小于 2h，上水速度为 80～90t/h，其他季节上水时间不小于 4h，上水速度为 40～45t/h，若汽包壁温度与上水温度接近，可以适当提高上水速度，但应始终保持汽包壁内任意两点温度不大于 50℃，若上水过程中，发现有泄漏点，应及时联系维护处理。

（6）锅炉上水至汽包水位计可见部门时，应降低上水速度，避免上水过量，进水至汽包水位－100mm 时，停止进水，并开启省煤器再循环电动门。

（7）停止进水后，对照汽包各水位计，指示应基本一致，否则应查明原因，予以消除。

13-9　汽、水分层在什么情况下发生？为什么？

答：汽、水分层易发生在水平或倾斜度小而且管中汽、水混合物流速过低的管子。这是由于汽、水的密度不同，汽倾向在管子上部流动，水的密度大，在下部流动。若汽、水混合物流速过低，扰动混合作用小于分离作用，便产生汽、水分层。

因此，自然循环锅炉的水冷壁应避免水平和倾斜度小的布置方式。

13-10　大直径下降管有何优点？

答：采用大直径下降管可以减小流动阻力，有利于水循环。另外，既简化布置，又节约钢材，也减少了汽包的开孔数。

13-11　下降管带汽的原因有哪些？

答：下降管带汽的原因如下。

（1）在汽包中汽水混合物的引入口与下降管入口距离太近或下降管入口位置过高。

（2）锅水进入下降管时，由于进口流动阻力和水流加速而产生过大压降，使锅水产生自汽化。

（3）下降管进口截面上部形成漩涡，使蒸汽吸入。

（4）汽包水室含汽，蒸汽和水一起进入下降管。

（5）下降管受热产生蒸汽。

13-12　下降管带汽有何危害？

答：下降管水中含汽时，将使下降管中工质的平均密度减小，循环运动压头降低，同时工质的平均容积流量增加、流速增加，造成流动阻力增大。结果使克服上升管阻力的能力减小、循环水速降低，增加了循环停滞、倒流等故障发生的可能性。

13-13 防止下降管带汽的措施有哪些？

答：主要在结构设计时针对带汽原因采取一些措施，如：大直径下降管入口加装十字挡板或格栅；提高给水欠焓，并将欠焓的给水引至下降管入口内（或附近）；防止下降管受热；规定汽、水混合物与下降管入口的距离；下降管从汽包最底部引出等。在运行中还要注意保持汽包水位，防止过低时造成下降管带汽。

13-14 应如何冲洗汽包云母水位计？

答：汽包云母水位计的冲洗方法如下。

（1）先将汽水侧二次门关闭后，再开 1/4～1/3 圈，然后开启放水门，进行汽水管路及云母片的清洗。

（2）关闭汽侧二次门进行水侧管路及云母片冲洗。

（3）关水侧二次门，微开汽侧二次门，进行汽侧及云母片冲洗。

（4）微开水侧二次门，关放水门，水位应很快上升，并轻微波动，指示清晰，否则应重新冲洗一次。

（5）将汽水侧二次门全开，并与另一只云母水位计对照，指示相符。

（6）冲洗水位计时间不应过长，并防止水位计中保护弹子堵塞。

13-15 饱和蒸汽带水受哪些因素影响？

答：影响饱和蒸汽带水的因素很多，但主要原因有锅炉负荷（含蒸发面负荷和蒸汽空间负荷）、蒸汽压力、汽包蒸汽空间高度、炉水含盐量等。

13-16 滑参数启动有何特点?

答: 滑参数启动的特点如下。

(1) 安全性好。低温、低压蒸汽的流通可促进锅炉水循环,减少汽包壁温差,使过热器得到充分冷却。同时使汽轮机各部件加热均匀,避免产生过大的热应力和膨胀差。

(2) 经济性好。锅炉产生的蒸汽能得到充分的利用,减少了热量和工质损失,缩短启动时间,减少燃料消耗量。

(3) 对蒸汽温度、蒸汽压力要求比较严格,对汽轮机、锅炉的运行操作要求密切配合,操作比较复杂,而且低负荷运行时间较长,对锅炉的燃烧和水循环有不利的一面。

13-17 什么是虚假水位?虚假水位分几种情况?是怎样形成的?如何处理?

答: 汽包水位反映了给水量与蒸发量之间的动态平衡。在稳定工况下,当给水量等于蒸发量时,水位不变。当给水量大于蒸发量(包括连续排污、汽水损失)时,水位升高;反之,水位下降。不符合上述规律造成的水位变化称为虚假水位。

虚假水位分为以下3种情况。

(1) 水位计泄漏。汽侧漏,水位偏高;水侧漏,水位偏低。

(2) 水位计堵塞。无论汽侧堵塞还是水侧堵塞,水位均偏高,水位计水侧堵塞时,水位停止波动。

(3) 当负荷骤增,蒸汽压力下降时,水位短时间增高。负荷骤增,压力下降,说明锅炉蒸发量小于外界负荷。因为饱和温度下降,炉水自身汽化,使水冷壁内汽水混合物中蒸汽所占的体积增加,将水冷壁中的水排挤到汽包中,使水位升高;反之,当负荷骤减,压力升高时,水位短时间降低。

掌握负荷骤增、骤减时所形成的虚假水位,对调整水位、平稳操作有很大帮助。当运行中出现此种虚假水位时,不要立即调整,而要等到水位逐渐与给水量蒸发量之间平衡关系变化一致时再调整。具体地讲,当负荷骤增,压力下降,水位突然升高时,不要减少给水量，而要等到水位开始下降时，再增加给水量。负荷骤减，压力升高，水位突然降低时，不要增加给水量，而要等水位开始上升时，再减少给水量。

13-18　什么是水的含氧量？

答： 水的含氧量就是在单位容积的水中所含氧气的多少，它是锅炉的水质指标之一。

13-19　水位计的假水位是如何产生的？

答： 当水位计连通管或者汽水旋塞门泄漏或堵塞时，会造成水位计指示不正确，形成假水位。若汽侧泄漏，将会使水位指示偏高；若水侧泄漏，将会使水位偏低。当管路堵塞时水位将停滞不动或模糊不清。当水位计玻璃板上积垢时，也会把污痕误认为水位线。这些都算假水位。

13-20　锅炉启动过程中如何控制汽包水位？

答： 锅炉启动过程中控制汽包水位的方法如下。

（1）升负荷初期，锅水逐渐受热、汽化、膨胀，水位升高，此时不宜用事故放水门放低水位，而宜用连续排污门排出，既可提高锅水品质，又能促进水循环。

（2）随着蒸汽压力、蒸汽温度升高，排汽量增大，应根据汽包水位的变化趋势，及时补充给水。

（3）在进行锅炉冲管或安全核验时，常因蒸汽流量的突然增大，蒸汽压力迅速下降而造成严重的虚假水位现象，因此在上述操作前应先保持较低水位，而后根据蒸汽流量加大给水，防止安全门回座等原因造成水位过低。

（4）根据锅炉负荷情况，及时调整给水。

13-21　运行中蒸汽压力变化对汽包水位有何影响？

答： 运行中，当蒸汽压力突然降低时，由于对应的饱和温度降低使部分锅水蒸发，引起锅水体积膨胀，故水位要上升；反之，当蒸汽压力升高时，由于对应的饱和温度升高，锅水中的部分蒸汽凝结下来，使锅水体积收缩，故水位要下降。如果变化是由于外扰而引起的，则上述的水位变化现象是暂时的，很快就要向反方面变化。

13-22　余热锅炉的运行方式有哪些？不同的运行方式有什么特点？如何选择适宜的运行方式？

答：余热锅炉的运行方式有滑压运行和定压运行。

滑压运行是联合循环合理的运行方式。当压力随温度一起降低时，有助于提高汽轮机的排汽干度，防止末级叶片的水蚀。

对余热锅炉来说，定压运行时，由于压力高，蒸发量减少，余热锅炉的排烟温度升高，余热利用率降低。

当采用滑压运行方式时，虽然压力降低，蒸汽系统循环效率降低，但余热锅炉蒸发量增大，余热利用率高，由于流量大使汽轮机做功增多。

计算表明：滑压运行汽轮机功率略高于定压运行，但两者相差不多。

13-23　高温、高压汽水管道或阀门泄漏应该如何处理？

答：高温、高压汽水管道或阀门泄漏应做如下处理。

（1）应注意人身安全，在查明泄漏部位的过程中，应该特别小心谨慎，使用合适的工具，如长柄鸡毛帚等，运行人员不敲开保温层。

（2）高温、高压汽水管道或阀门大量漏汽，响声特别大，运行人员应该根据声音大小和附近温度高低，保持一定的安全距离；同时做好防止他人误入危险区的安全措施；按隔绝原则及早进行故障点的隔绝，无法隔绝时，请示上级，要求停机。

13-24 过热器对空排汽的作用有哪些？

答：过热器对空排汽的作用如下。

（1）锅炉启动时用以排出积存的空气和部分过热蒸汽，保证过热器有一定的流通量，以冷却其管壁。

（2）锅炉压力升高或事故状态下排汽泄压，防止锅炉超压。

（3）汽轮机未进行蒸汽回收前，使用对空排汽排走不合格蒸汽。

（4）启动过程中，还能起到增大排汽量、减缓升压速度的作用，必要时还可通过排汽调节两侧蒸汽温度偏差。

（5）启动初期可调节系统压力，减缓虚假水位作用。

（6）锅炉进水、放水时起到空气门的作用。

13-25 为什么蒸发器采用顺流布置而过热器采用逆流布置？

答：蒸发器采用顺流布置而过热器采用逆流布置的原因如下。

（1）水平蒸发器都有180℃的弯头，如果汽水混合物从上向下流动，在水平向下弯曲的弯头处容易集汽，形成不流动的汽塞，影响水的流动；反之，则不易，且蒸汽的流速也不会降低。

（2）过热器内为蒸汽而非汽水混合物，不会发生上述现象，并且逆流布置时，受热面的平均温差大，易于吸收更多的热量。

13-26 锅炉排污扩容器的作用是什么？

答：锅炉有连续排污扩容器和定期排污扩容器。它们的作用是当锅炉排污水排进扩容器后，容积扩大、压力降低，同时饱和温度也相应降低，这样，原来压力下的排污水，在降低压力后，就有一部分热量释放出来，这部分热量作为汽化热被水吸收而使部分排污水发生汽化，将汽化的这部分蒸汽引入除氧器，从而可以回收这部分蒸汽和热量。

13-27　定期排污的目的是什么？排污管口装在何处？

答：由于锅水含有铁锈和加药处理形成的沉淀水渣等杂质，沉积在水循环回路的底部，定期排污的目的是定期将这些水渣等沉淀杂质排出，提高锅水的品质。定期排污口一般装在水冷壁的下联箱或集中下降管的下部。

13-28　连续排污管口一般装在何处？为什么？排污率为多少？

答：连续排污管口一般装在汽包正常水位（即“0”位）下200～300mm处。锅水由于连续不断地蒸发而逐渐浓缩，使水表面附近含盐浓度最高。因此，连续排污管口应安装在锅水浓度最大的区域，以连续排出高浓度锅水，补充清洁的给水，从而改善锅水品质。

排污率一般为蒸发量的1%左右。

13-29　锅炉冷态启动操作有哪些危险点？如何控制？

答：锅炉冷态启动操作的危险点及控制措施如下。

（1）省煤器再循环阀未开。

后果：省煤器汽化。

控制措施：省煤器再循环阀在整个启炉期间保持开启状态。

（2）上水温差大、上水速度快。

后果：汽包壁温差大。

控制措施：严格控制上水速度、上水温度。

（3）升温、升压过快。

后果：汽包壁温差大。

控制措施：①加强对汽包壁温监视，严格按照升温、升压曲线进行操作，必要时燃气轮机减负荷；②注意作用对空排气电动门、汽机蒸汽旁路配合调节升压速度。

（4）给水调节门快开快关。

后果：备用给水泵启动系统冲击、设备损坏。

控制措施：缓慢操作给水调节门，注意给水压力、流量、泵电流变化情况。

（5）汽包水位上升过快至满水位。

后果：水位保护动作，蒸汽管道充水。

控制措施：①严密监视水位变化情况、燃气轮机并网升负荷后烟气温度上升情况，开启汽包连供排污电动门、紧急放水电动门，增强水位调控能力；②水位上升较快时打开热水循环泵出口母管放水电动阀控制汽包水位，必要时燃气轮机减负荷；③注意减少给水流量；④注意联箱对空排汽电动门、汽轮机蒸汽旁路开启速度，升压率允许时，可适当关小进一步稳定水位。

（6）汽包水位下降过快至低水位。

后果：水位保护动作，设备损坏。

控制措施：①严密监视水位变化情况，水位开始回落时关闭热水循环泵出口母管放水电动阀、水位零位以下时关闭紧急放水电动门；②注意增加给水流量；③注意联箱对空排汽电动门、汽轮机蒸汽旁路关闭速度，升压率允许时，可适当开大进行拉水位。

（7）蒸汽温度过高。

后果：蒸汽温度超温。

控制措施：根据蒸汽温度投减温水。

（8）对空排汽电动开关速度过快。

后果：升压率过高，汽包水位超高或超低。

控制措施：控制联箱对空排汽电动门时要逐步缓慢，与汽轮机蒸汽旁路配合控制升压率与汽包水位。

13-30　高压给水泵在哪些情况下会保护停运？

答：高压给水泵在下列情况下会保护停运。

（1）低压汽包水位低低。

（2）电动给水泵润滑油压力低低。

（3）电动给水泵入口压力低低。

（4）电动给水泵液力耦合器温度高高。

（5）高压给水泵电动机绕组温度高高。

（6）电动给水泵勺管出口油温高高。

（7）电动给水泵轴承振动高高。

（8）电动给水泵轴承温度高高。

（9）轴承回油温度高高。

（10）冷油器出口油温高高。

13-31　高压给水泵在进行切换操作时应注意哪些问题？

答：高压给水泵在进行切换操作时应注意下列问题。

（1）高压给水泵的勺管加减应缓慢，不应过快。

（2）最好停止给水泵前将辅助油泵启动，防止辅助油泵故障。

（3）新启动的给水泵，注意轴承、电动机等温升，若增长过快或比另一台给水泵高，应停止切换操作，查明原因。

（4）若切换过程中出现汽包给水调节门异常、汽包水位波动剧烈，应停止操作，恢复之前运行状态。

（5）高压给水泵切换完成后，不应过快停运备用泵，应检查新运行的泵无泄漏等异常。

13-32　低压省煤器再循环泵启动前的检查项目有哪些？

答：低压省煤器再循环泵启动前的检查项目如下。

（1）相关工作票终结，措施拆除，无关人员撤离，泵四周清洁无杂物。

（2）检查电动机电缆及接线盒完好，接地线牢固。

（3）检查电动机及泵体地脚螺栓紧固，联轴器罩壳扣紧并锁好。

（4）检查电动机风扇罩壳牢固，无杂物吸附其上。

（5）检查泵轴承润滑油杯油位正常。

（6）检查泵体冷却水进、出口总阀打开，泵支腿及轴承冷却水供水阀打开且回水观察窗可见水流，冷却器冷却水供水阀打开且回水观察窗可见水流。

（7）热控仪表均已正常投入，DCS显示状态正确。

（8）检查泵入口手动门打开，入口压力正常，泵内已注水排空。

（9）系统阀门已按照检查卡摆放正确位置。

（10）检查凝结水泵已启动，低压汽包水位正常。

（11）测量电动机绝缘合格，送电至变频位。

13-33　低压省煤器再循环泵允许变频启动的条件有哪些？

答： 低压省煤器再循环泵允许变频启动的条件（以下条件“与”）如下。

（1）出口电动门已关或省煤器再循环泵连锁已投入。

（2）泵轴承温度不高于75℃。

（3）一台泵变频且另一台泵工频。

（4）省煤器再循环泵变频器就绪。

（5）省煤器再循环泵变频器电源正常。

（6）无跳闸条件。

13-34　低压省煤器再循环泵保护停逻辑有哪些？

答： 低压省煤器再循环泵保护停逻辑（以下条件“或”）如下。

（1）低压省煤器再循环泵驱动端轴承温度大于90℃，延时1s。

（2）低压省煤器再循环泵非驱动端轴承温度大于90℃，延时1s。

（3）低压省煤器再循环泵在变频位且变频器故障。

（4）低压省煤器再循环泵运行30s且出口电动门关且未开，延时3s。

（5）低压省煤器再循环泵在变频位且变频器超温。

13-35　发生哪些情况应紧急停运给水泵?

答: 发生下列情况应紧急停运给水泵。

(1) 发现给水管道和阀门漏泄严重。

(2) 突然产生强烈的振动。

(3) 密封水中断。

(4) 轴承温度大于70℃且不能下降。

(5) 当油箱内油位下降到规定值，补油无效时。

(6) 电动机或泵内有明显的金属摩擦声。

(7) 电动机冒烟或有烧焦气味时。

(8) 轴承断油或冒烟。

(9) 给水泵发生汽化。

(10) 当给水泵组保护装置失灵时。

(11) 当电动机的电流急剧增大超过允许值时。

13-36　简述给水泵轴承温度升高的原因及处理方法。

答: 给水泵轴承温度升高的原因如下。

(1) 供油温度高。

(2) 回油不畅。

(3) 轴承工作不正常。

给水泵轴承温度升高的处理方法如下。

(1) 增大通过冷油器的冷却水量。

(2) 通过排油孔检查油流情况、检查油压是否正常，如果轴承供油压力降到规定压力时，应启动辅助油泵。

(3) 轴承温度大于70℃时，应立即停止给水泵。

13-37　高压给水泵运行检查项目有哪些?

答: 高压给水泵运行检查项目见表13-1。

表 13-1　　　高压给水泵运行检查项目

序号	名称	项目	参数
1	本体	轴承振动	＜0.07mm
		轴承温度	＜80℃
		电动机外壳温度	＜60℃
		轴承油位	1/2～2/3
2	冷却水	回水视窗	回水轮转动顺畅
		无漏水	无漏水
3	润滑油	回油	回油顺畅
		供油母管压力	0.25MPa
		轴承供油压力	＞0.03MPa
		油温	＜105℃
		油位	在上、下限之间
		无泄漏	各轴承无泄漏
4	转速	转速	＞1000r/min
5	阀门	阀门状态	按照阀门检查卡要求

13-38　高压给水泵允许启动的条件有哪些？

答： 高压给水泵允许启动的条件如下。

（1）出口电动门已关或高压给水泵连锁已投入。

（2）低压汽包液位大于－1250mm。

（3）无跳闸条件。

（4）高压给水泵连锁投入且1号高压给水泵液力耦合器执行机构位置反馈小于20%。

（5）液力耦合器润滑油泵已运行且润滑油过滤器后油压不低（11LBG71CP017AL取非）。

（6）电动机绕组温度不高于120℃。

（7）电动机轴承温度不高于70℃。

（8）高压给水泵轴承温度不高于85℃。

（9）高压给水泵液力耦合器轴承温度不高于95℃。

（10）高压给水泵止推滑动轴承温度不高于85℃。

13-39　高压给水泵保护停逻辑有哪些？

答： 高压给水泵保护停逻辑如下。

（1）低压汽包液位小于－1750mm，模拟量3个点每个判断后3取2。

（2）电动机轴承温度大于80℃，延时1s。

（3）电动机绕组温度大于130℃，延时1s。

（4）高压给水泵轴承温度大于90℃，延时1s。

（5）高压给水泵止推轴承温度大于90℃，延时1s。

（6）高压给水泵液力耦合器润滑油冷却器后油温大于60℃（11LBG71CT333），延时3s。

（7）液力耦合器勺管出口油温高（11LBG71CT018H），单点保护。

（8）液力耦合器润滑油过滤器后油压低低，延时1s（1LBG-71CP017LL）。

（9）液力耦合器轴承温度大于105℃。

（10）高压给水泵轴承振动大于11mm/s，延时4s。

13-40　高压汽包给水旁路调节阀逻辑有哪些？

答： 高压汽包给水旁路调节阀逻辑如下。

（1）自动降。高压汽包液位大于650mm。

（2）自动开环控制（以下条件“或”）。

1）高压汽包液位大于650mm。

2）低压汽包液位坏质量（坏质量判断3取2）。

3）高压给水低负荷调节阀前电动门已关。

4）高压汽包给水旁路调节阀指令反馈偏差大于10％。

5）高压汽包给水旁路调节阀自动、高压主蒸汽流量大于100t/h且高压给水流量坏质量。

6）高压汽包给水旁路调节阀自动、高压主蒸汽流量大于100t/h且高压主蒸汽流量坏质量。

（3）超驰关闭。余热锅炉跳闸全关。

13-41 中压给水泵允许启动的条件有哪些？

答：中压给水泵允许启动的条件如下。

（1）出口电动门已关或中压给水泵连锁已投入。

（2）低压汽包液位大于－1250mm（模拟量三取均后判断）。

（3）无跳闸条件。

（4）中压给水泵电动机轴承温度不高于85℃（2取2）。

（5）中压给水泵轴承温度不高于100℃（2取2）。

（6）中压给水泵变频器无故障且就绪。

13-42 中压给水泵保护停止的条件有哪些？

答：中压给水泵保护停止的条件如下。

（1）低压汽包液位小于－1750mm（模拟量3个点每个判断后3取2）。

（2）低压汽包压力降梯度大于0.3MPa/min。

（3）中压给水泵轴承温度大于110℃，延时3s（2取1）。

（4）中压给水泵电动机轴承温度大于95℃，延时3s（2取1）。

（5）中压给水泵电动机绕组温度大于155℃，延时3s（3取1）。

（6）中压给水泵轴承振动大于11mm/s，延时5s（4取1）。

（7）1号中压给水泵运行延时5s且1号中压给水泵变频器风扇未运行。

第十四章

余热锅炉停运

14-1　滑参数停炉有何优点？

答： 滑参数停炉的优点如下。

（1）可以充分利用锅炉的部分余热发电，节约能源。

（2）可利用温度逐渐降低的蒸汽使汽轮机部件得到比较均匀和较快的冷却。

（3）对于待检修的汽轮机，采用滑参数法停机可缩短从停机到开缸的时间，使检修时间提前。

14-2　为什么水冷壁管、对流管、过热器管、再热器管和省煤器管泄漏后要尽快停炉？

答： 水冷壁管、对流管、过热器管、再热器管和省煤器管泄漏后，如果能够维持汽包水位，可以不立即停炉，等其他炉子增加负荷或备用炉投入运行后再停炉。但从发现管子泄漏到停炉，时间不能长。炉管内的压力很高，炉水或蒸汽从炉管泄漏处以很高的速度喷出，其动能很大。特别是对流管、再热器管、过热器管和省煤器管排列很紧密，如果不及时停炉，高速喷出的炉水或蒸汽极易将邻近的管子损坏，新损坏的管子喷出的水或汽又将其邻近的管子损坏，造成多根管子损坏，检修工作量增加。

由于对流管、再热器管、过热器管和省煤器管排列很紧密，一旦损坏后，不能采用补焊或局部更换管段的处理方法，常常被迫采取将整个管排切除两端盲死的处理方法，造成传热面积减少。因此，发现水冷壁管、对流管、过热器管、再热器管和省煤器管泄漏要尽快停炉。

14-3 为什么过热器需要定期反洗？

答：从水冷壁、对流管和省煤器来的汽水混合物，虽然经汽包里的汽水分离装置分离后，绝大部分水从中分离出来进入汽包的水容积，但仍有很少量的炉水随蒸汽进入过热器。混在蒸汽中的少量炉水含盐量比蒸汽大得多，这部分炉水吸收热量后成为蒸汽，而炉水含有的盐分则沉积在过热器管的内壁上。当汽水分离装置工作不正常、水位控制太高或炉水碱度太大、锅炉负荷超过额定负荷太多、汽水分离恶化时，蒸汽携带炉水的数量显著增加，使过热器管内壁结的盐垢更多。

盐垢的导热系数只有钢材的几十分之一，盐垢使过热器管壁温度显著升高，过热器有过热烧坏的危险，使用寿命也将缩短。盐垢的存在还会在停炉期间产生垢下腐蚀。因为过热器管内壁结的盐垢一般都溶于水，所以可以采取定期用给水反洗过热器管的方法将盐垢洗掉。

一般锅炉在过热器出口联箱上接有反冲洗管线。从过热器出口联箱进水、从定期排污阀排水。只要进、出口水的含盐量基本相同，过热器管内积的盐垢可以认为都洗掉了。反冲洗的间隔时间，可根据炉子运行的具体情况而定，一般锅炉大修前要进行过热器反冲洗。

14-4 锅炉停炉操作有哪些危险点？如何控制？

答：锅炉停炉操作的危险点及控制措施如下。

(1) 降温、降压太快。

后果：汽包壁温差大。

控制措施：停炉过程严格按照停炉曲线控制降温、降压速度。

(2) 给水调节门快开快关。

后果：备用给水泵启动系统冲击、设备损坏。

控制措施：缓慢操作给水调节门，注意给水压力、流量、给水泵电流变化情况。

（3）汽包水位上升过快至满水位。

后果：水位保护动作，蒸汽管道充水。

控制措施：①严密监视水位变化情况，开启汽包连排电动门、紧急放水电动门，增强水位调控能力；②注意减少给水流量；③注意汽轮机蒸汽旁路开启速度。升压率允许时，可适当关小进一步稳定水位。

（4）汽包水位过快下降至低水位。

后果：水位保护动作，设备损坏。

控制措施：①严密监视水位变化情况，水位零位以下时关闭紧急放水电动门；②注意增加给水流量；③注意汽轮机蒸汽旁路关闭速度。升压率、凝汽器真空允许时，可适当开大进一步稳定水位，必要时使用联箱对空排汽电动门，稳定水位。

（5）对空排汽电动门开关速度过快。

后果：升压率过高，汽包水位超高或超低。

控制措施：控制联箱对空排汽电动门时要逐步缓慢，与汽轮机蒸汽旁路配合控制升压率与汽包水位。

（6）蒸汽过热度低。

后果：蒸汽带水。

控制措施：停炉过程严格控制蒸汽过热度不小于50℃，检查主蒸汽减温水调节阀设定温度、工作情况。

（7）停炉后汽包冷却不均。

后果：汽包壁温差大。

控制措施：停炉后维持汽包高水位，停止上水前及时开启省煤器再循环门，热水循环泵继续运行1～2h。

（8）停炉后炉膛温降过快或汽包水位维持较低。

后果：汽包壁温差大，过热器、联箱内大量积水，管道激振破裂。

控制措施：①停炉后确认所有汽水系统阀门关闭严密，保持汽包高水位，停止上水前及时开启省煤器再循环门；②如燃气轮机有高速盘车操作，注意联箱温度，低于饱和温度时打开疏水阀，确保过热器、联箱内无大量积水。

14-5　锅炉严重缺水时，为什么要紧急停炉？

答：当水位下降至极限水位时，汽包内储水量少，易在下降管口形成漩涡漏斗，大量汽水混合物会进入下降管，造成下降管内汽水密度减小、运动压力减小，破坏正常的水循环，造成个别水冷壁管发生循环停滞；若不紧急停炉会使水冷壁过热，严重时会引起水冷壁大面积爆破，造成被迫停炉的严重后果。

14-6　所有水位计损坏时为什么要紧急停炉？

答：水位计是运行人员监视锅炉正常运行的重要工具。当所有水位计都损坏时，水位的变化失去监视，正常水位的调整失去依据。由于高温、高压锅炉的汽包内储水量有限，机组负荷和汽水损耗在随时变化，失去对水位的监视，就无法控制给水量。当锅炉在额定负荷下，给水量大于或小于正常给水量的10%时，一般锅炉几分钟就会造成严重满水或缺水。因此，当所有水位计损坏时为了避免对汽轮机锅炉设备造成损坏，应立即停炉。

14-7　试述停炉保护的原则。

答：停炉保护的原则如下。

（1）不让空气进入停用锅炉的汽水系统。

（2）保持汽水系统金属面干燥。

（3）在金属表面造成具有防腐作用的薄膜（钝化膜）。

（4）使金属表面浸泡在含有氧化剂或其他保护剂的水溶液中。

14-8　锅炉余热烘干法保养的操作步骤有哪些？

答：锅炉余热烘干法保养的操作步骤如下。

（1）燃气轮机熄火停转后，接值长令锅炉进入锅炉余热烘干法进行保养。

（2）严密关闭各烟气挡板、门、孔和IGV（燃气可旋转导叶）。

（3）当高压汽包压力降至0.8MPa（中压降至0.5MPa、低压降至0.3MPa）时，开启过热器疏水，开蒸发器放水门，微开汽包紧急放水门进行汽包放水，直至放完。

（4）当高压汽包压力降至0.5MPa（中压降至0.3MPa、低压降至0.2MPa）时，进行省煤器放水。

（5）当汽包压力降至零，开启所有空气门，微开过热器向空排气门，检查炉水是否放尽，同时对给水减温水管路进行放水。

（6）放水过程中应严格控制泄压速度，严格控制汽包壁上、下温差小于40℃。

14-9　余热锅炉充氮保护的操作步骤有哪些？

答：余热锅炉充氮保护的操作步骤如下。

（1）当汽包压力降到0.07MPa时，充入氮气。

（2）机组开始疏排水时吹入氮气以置换水。

（3）当氮气从各疏排水管道排出时，关闭疏排水阀门。

（4）保持氮气的压力在0.035MPa，以防止外部空气进入。

（5）如果系统已疏排水彻底，并且氮气已经进入，则：

1）每一个压力等级系统应单独进行充氮置换。

2）关闭所有阀门，从汽包顶部充氮口充入氮气至压力为0.105MPa，等待5min，打开上部的排气口进行排气。

3）压力一回到大气压立即关闭排气口并重复2）操作。

4）直到锅炉内氧的浓度小于0.5%，结束充氮，保持0.035MPa充氮压力并连续监视。

第十五章 余热锅炉安全经济运行

15-1 锅内水处理的目的是什么？简述其处理经过。

答： 锅内水处理的目的是向锅内的水加药，使锅水中残余的钙、镁等杂质不生成水垢而是形成水渣。

锅内水处理过程是将磷酸盐用加药泵连续地送入锅水（汽包）中，使之与锅水中的钙、镁离子发生反应，生成松软的水渣，然后利用排污的方法排出锅炉之外。

15-2 炉外水处理的目的是什么？有几种方式？

答： 炉外水处理是除去水中的悬浮物、钙和镁的化合物以及溶于水中的其他杂质，使其达到锅炉补给水的水质标准。

水处理的方式有化学软化、化学除盐、热力除盐、电渗析和反渗透四种。

中压锅炉一般可采用化学软化，而高压和超高压以上的锅炉，必须采用经过除盐和除氧处理的给水。

15-3 何谓蒸汽品质？影响蒸汽品质的因素有哪些？

答： 所谓蒸汽品质是指蒸汽含杂质的多少，也就是指蒸汽的洁净程度。

影响蒸汽品质的因素有：

（1）蒸汽携带锅水。

1）锅炉压力对蒸汽带水的影响。压力越高蒸汽越容易带水。

2）汽包内部结构对蒸汽带水的影响。汽包内径的大小、汽水引入、引出管的布置情况将影响蒸汽带水的多少。汽包内汽水分离装置不同，其汽水分离效果也不同。

3）锅水含盐量对蒸汽带水的影响。锅水含盐量小于某一定值时，蒸汽含盐量与锅水含盐量成正比。

4）锅炉负荷对蒸汽带水的影响。在蒸汽压力和锅水含盐量一定的条件下，锅炉负荷上升，蒸汽带水量也趋于有少量增加。如果锅炉超负荷运行，其蒸汽品质就会严重恶化。

5）汽包水位的影响。水位过高，蒸汽带水量增加。

（2）蒸汽溶解杂质。高压锅炉的饱和蒸汽像水一样也能溶解锅水中的某些杂质。蒸汽溶解杂质的数量与物质种类和蒸汽压力大小有关。蒸汽溶盐能力随压力的升高而增强；蒸汽溶盐具有选择性，以溶解硅酸最为显著；过热蒸汽也能溶盐。因此，锅炉压力越高，要求锅水中含盐量和含硅量越低。

15-4　蒸发器水量少有什么不利？

答：对蒸发器而言，水量少是不利的，将会导致蒸发器管受到超温的破坏。对循环而言，如果循环泵出水量少将使进入蒸发器的水量少，泵的叶轮摩擦的热量容易使水汽化，使循环泵发生汽蚀现象。进入蒸发器水量少会影响蒸发器的管内换热系数，降低锅炉的效率。

15-5　锅炉工况如何划分？运行指标有哪些？

答：根据锅炉启动前高压汽包压力的不同，将锅炉工况划分为三种。

（1）当汽包压力小于 0.3MPa 时，锅炉处于冷态。

（2）汽包压力在 0.3MPa 至 2.0MPa 之间，锅炉处于温态。

（3）当汽包压力大于 2.0MPa 时，锅炉处于热态。

运行指标包括蒸汽产量、蒸汽压力、蒸汽温度、汽包水位、水汽品质。

15-6 调整过热蒸汽温度有哪些方法？

答：调整过热蒸汽温度一般以喷水减温为主，作为细调手段。减温器为两级或以上布置，以改变喷水量的大小来调整蒸汽温度的高低。另外，可以通过改变燃烧器的倾角和上、下火嘴的投停、改变配风工况等来改变火焰中心位置作为粗调手段，以达到蒸汽温度调节的目的。

15-7 过热蒸汽温度过高、过低有什么危害？

答：过热蒸汽温度过高会造成如下危害：

(1) 过热蒸汽温度过高，会使过热器管、蒸汽管道、汽轮机高压部分等产生额外的热应力，还会加快金属材料的蠕变，因而缩短设备的使用寿命。

(2) 当发生超温时，甚至会造成过热器爆管。因而蒸汽温度过高对设备的安全有很大的威胁。

过热汽温过低会造成如下危害：

(1) 过热蒸汽温度过低会使汽轮机最后几级的蒸汽湿度增加，对叶片的侵蚀作用加剧，严重时可能发生水冲击，威胁汽轮机的安全。

(2) 当压力低时，蒸汽温度降低，蒸汽的焓必然减少，因而蒸汽做功的能力减少，汽轮机的汽耗必然增加，因此蒸汽温度过低还会使发电厂的经济性降低。

因此，蒸汽温度允许波动范围一般不得超过额定值±5℃，中压锅炉不得超过额定值±10℃。

15-8 调整再热蒸汽温度的方法有哪些？

答：再热蒸汽温度的调整大致有烟气再循环、分隔烟道挡板、汽-汽热交换器和改变火焰中心高度四种方法。利用再循环风机，将省煤器后部分低温烟气抽出，再从冷灰斗附近送入炉膛，以改变辐射受热面和对流受热面的吸热比例。对于布置在对流烟道内的再热器，当负荷降低时，再热蒸汽温度降低，可增加再循环烟气量，使再热器吸热量增加，保持再热蒸汽温度不变。用隔墙将尾部烟道分成两个并列烟道，在两烟道中分别布置过热器与再热器，并列烟道省煤器后装有烟道挡板，调节挡板开度可以改变流经两个烟道的烟气流量，从而调节再热蒸汽温度。汽-汽热交换器是利用过热蒸汽加热再热蒸汽以调节再热蒸汽温度的设备。对于设置壁式再热器和半辐射式再热器的锅炉可以通过改变炉膛火焰中心的高度来调节再热蒸汽温度。另外，再热器还设置微量喷水作为辅助细调手段。

15-9 高、低压汽包在最大连续蒸发量时，汽包里水能够维持的时间是多少？这个时间有哪些参考作用？

答：（1）最大连续蒸发量时，汽包里水能够维持的时间：高压汽包为 3.4min，低压汽包为 11.3min。

（2）当锅炉正常运行期间，给水系统发生故障，可供及时处理的时间。

1）如给水调节门阀芯脱落，使用给水旁路进行上水操作，从发现到及时处理可用时间。

2）如给水调节门、电动门被误关闭，从发现到处理恢复正常开启的可用时间。

3）如高压给水泵主给水泵跳停，备用给水泵未联启，可供手动启泵处理时间。

15-10 如何快速得知锅炉高、低压蒸汽大致过热度？

答：（1）得出高、低压系统大致饱和水温度：

1）利用节点温差（窄点温差）。高压蒸汽过热度：高压蒸发器出口烟气温度减 3～5℃；低压蒸汽过热度：低压蒸发器出口烟气温度减 6～8℃。

2）利用接近点温差（欠温差）。省煤器出口水温加 5～7℃。

（2）查看高、低压过热蒸汽温度减去相应的饱和温度，即可得出高、低压蒸汽大致过热度。

15-11 影响蒸汽压力的因素有哪些?

答: 影响蒸汽压力的因素有用汽量、烟气温度、烟气流量。

烟气温度、烟气流量由燃气轮机负荷决定，用汽量主要由汽轮机负荷、锅炉对空排汽、汽轮机旁路决定。

15-12 一、二级旁路系统的作用是什么?

答: 一、二级旁路系统的工作原理都是使蒸汽扩容降压，并在扩容过程中喷入适量的水降温，使蒸汽参数降到所需数值。一级旁路系统的作用是将新蒸汽降温、降压后进入再热器，冷却其管壁。二级旁路系统是将再热蒸汽降温、降压后，排入凝汽器以回收工质、减少排汽噪声，在机组启停过程中还起到匹配一、二次蒸汽温度的作用。

15-13 烟道挡板布置在何处? 其结构如何?

答: 作为调节蒸汽温度使用的烟道挡板，布置在尾部竖井以中隔墙为界的前后烟道出口处 400℃以下的烟气温度区。

烟气挡板结构为多轴联杆传动的蝶形挡板。挡板分两侧布置在前、后烟道出口，即再热器侧和过热器侧，每侧挡板分为两组，每组中由一根主动轴通过联杆带动沿炉宽 1/2 布置的 12 块蝶形挡板转动。挡板材料采用 12Cr1MoV，厚度为 10mm。再热器侧（前侧）长度为 3m，过热器侧（后侧）长度为 1.5m，工作区温度为 362℃。

15-14 烟道挡板的调温原理是怎样的?

答: 烟道挡板的调温幅度一般在 30℃左右。调温原理（以 DG670/140-4 例）：前、后烟道截面和烟气流量是在额定负荷下按一定比例设计的，此时过热蒸汽仍需一定的喷水量减温。当负荷降低时，对流特性很强的再热器吸热减弱，为保持再热蒸汽温度仍达到额定，则关小过热器侧挡板，同时开大再热器侧挡板，使再热器侧烟气流量比例增加，从而提高再热蒸汽温度。而由此影响过热器蒸汽温度的降低，则由减少减温水量来控制，一般情况下，能保持70%～100%额定负荷的过热蒸汽和再热蒸汽温度在规定范围内。挡板调节性能一般在0%～40%范围内显著，对蒸汽温度的反应有一定的滞后性。

15-15　为什么再热蒸汽的通流截面要比主蒸汽的通流截面大？

答：由于再热蒸汽的压力低、比容大、容积流量也大，为了降低蒸汽流速，使蒸汽在流动中因阻力造成的压降损失控制在较小的数值（流体的流速高低是直接影响压力降低的因素），以提高机组的循环效率，所以再热蒸汽的通流截面比主蒸汽的通流截面大得多。

15-16　再热器事故喷水和中间喷水减温装置的结构如何？

答：再热器事故喷水和中间喷水减温装置的结构、减温原理基本上与主蒸汽减温器相同。所不同的是再热器喷水装置不需要单独的联箱，而是在再热蒸汽的管道内进行，同样也要在这段管道内壁设置一薄壁内衬管，但省去了文丘里喷管。锅炉的形式不同，其喷水装置的结构不尽相同。一般多采用雾化喷嘴式。引入的减温水，顺蒸汽流向，经喷嘴雾化喷入后，与再热蒸汽混合减温。

15-17　省煤器的哪些部位容易磨损？

答：省煤器的下列部位容易磨损。

（1）当烟气从水平烟道进入布置省煤器的垂直烟道时，由于烟气转弯流动所产生的离心力的作用，使大部分灰粒抛向尾部烟道的后墙，使该部位飞灰浓度大大增加，造成锅炉后墙附近的省煤器管段磨损严重。

（2）省煤器靠近墙壁的管子与墙壁之间存在较大的间隙或管

排之间存在有烟气走廊时，由于烟气走廊处烟气的流动阻力要比其他处的阻力小得多，该处的流速就高，故处在烟气走廊旁边的管子或弯头就容易受到严重磨损。实践证明，管束中烟气流速为4～5m/s，而烟气走廊里的流速就要高达12～15m/s，为前者的3～4倍，其磨损速度就要高几十倍，这是因为管子被磨损的程度大约与烟速的三次方成正比的缘故。

15-18　省煤器的局部防磨措施有哪些？

答：省煤器的局部防磨措施如下。

（1）采用保护瓦。用保护瓦将可能遭到严重磨损的受热面遮盖起来，检修时只需更换被磨损的保护瓦就行了。

（2）采用保护帘。在烟气走廊和靠墙处用保护帘将整排直管或整片弯头保护起来。

（3）局部采用厚壁管。当管子排列稠密、装设或更换护瓦比较困难时，在可能遭到严重磨损的地方，适当采用一段厚壁管子，以延长使用寿命。

（4）受热面翻身。由于磨损是不均匀的，为了使各部的受热面基本上达到同一使用期限，采用了大翻身的方法，即在大修时将省煤器拆出来翻个身，再装进去（不合格的管子更换掉），使已经磨损得较薄的那个面处于烟气的背面，未经烟气冲刷的那个面，调整到正对烟气流，这样就减少了费用，提高了省煤器的使用年限。

15-19　省煤器再循环的工作原理及作用如何？

答：省煤器再循环是指在汽包底部与省煤器进口管间装设再循环管。

省煤器再循环的工作原理：在锅炉点火初期或停炉过程中，因不能连续进水而停止给水时，省煤器管内的水基本不流动，管壁得不到很好冷却易超温烧坏。若在汽包与省煤器间装设再循环管，当停止给水时，可开启再循环门，省煤器内的水因受热密度小而上升进入汽包，汽包里的水可通过再循环管不断地补充到省煤器内，从而形成自然循环。由于水循环的建立，带走了省煤器蛇形管的热量，可有效地保护省煤器。

15-20　省煤器与汽包的连接管为什么要装特殊套管？

答： 这是因为省煤器出口水温可能低于汽包中的水温。如果省煤器的出口水管直接与汽包连接，会在汽包壁管口附近因温差产生热应力。尤其当锅炉工况变动时，省煤器出口水温可能剧烈变化，产生交变应力而疲劳损坏。装上套管后，汽包壁与给水管壁之间充满着饱和蒸汽或饱和水，避免了温差较大的给水管与汽包壁直接接触，防止了汽化现象的产生。

15-21　泵的种类有哪些？

答： 根据泵的结构特性可分为三大类。

（1）容积泵。包括往复泵、齿轮泵、螺杆泵、滑片泵等。

（2）叶片泵。包括离心泵、轴流泵等。

（3）喷射泵。

目前应用最广泛的是叶片泵类的离心泵。

15-22　离心泵的构造是怎样的？工作原理如何？

答： 离心泵主要由转子、泵壳、密封防漏装置、排气装置、轴向推力平衡装置、轴承与机架（或基础台板）等构成，转子又包括叶轮、轴、轴套、联轴器、键等部件。

离心泵的工作原理：当泵叶轮旋转时，泵中液体在叶片的推动下，也作高速旋转运动。因受惯性和离心力的作用，液体在叶片间向叶轮外缘高速运动，压力、能量升高。在此压力作用下，液体从泵的压出管排出。与此同时，叶轮中心的液体压力降低形成真空，液体便在外界大气压力作用下，经吸入管吸入叶轮中心。这样，离心泵不断地将液体吸人和压出。

15-23 离心泵的出口管道上为什么要装止回阀？

答： 止回阀的作用是在该泵停止运行时，防止压力水管路中液体向泵内倒流，致使转子倒转，损坏设备或使压力水管路压力急剧下降。

15-24 为什么有的泵入口管上装设阀门，有的则不装？

答： 一般情况下吸入管道上不装设阀门。但如果该泵与其他泵的吸水管相连接，或水泵处于自流充水的位置（如水源有压力或吸水面高于入水管）都应安装入口阀门，以便设备检修时进行隔离。

15-25 为什么有的离心式水泵在启动前要加引水？

答： 当离心式水泵进水口水面低于其轴线时，泵内就充满空气，而不会自动充满水。因此，泵内不能形成足够高的真空，液体便不能在外界大气压力作用下吸入叶轮中心，水泵就无法工作，因此必须先向泵内和入口管内充满水，赶尽空气后才能启动。为防止引入水的漏出，一般应在吸入管口装设底阀。

15-26 离心式水泵打不出水的原因、现象有哪些？

答： 离心式水泵打不出水的原因主要有：

(1) 入口无水源或水位过低。

(2) 启动前泵壳及进水管未灌满水。

(3) 泵内有空气或吸水高度超过泵的允许吸上真空高度。

(4) 进口滤网或底阀堵塞，或者进口阀门阀芯脱落、堵塞。

(5) 电动机反转，叶轮装反或靠背轮脱开。

(6) 出口阀未开，阀门芯脱落或出水无去向。

当离心泵打不出水时，会发生电动机电流或出口压力不正常或大幅度摆动、泵壳内汽化、泵壳发热等现象。

15-27 什么是减压阀？其工作原理如何？

答：减压阀是用来降低工质压力的一种阀门。

减压阀的减压作用是借节流圈组来实现的，调节阀杆的行程即能改变节流圈组的通流截面以满足减压的要求。

15-28 什么是减温减压阀？其工作原理如何？

答：减温减压阀是用来降低工质温度，同时又降低压力的一种阀门。

汽轮机Ⅰ级旁路和大旁路都装有减温减压阀，它由减温器、减压阀和扩散管三个部件构成，蒸汽首先经减温器喷水减温，再由减压阀减压，最后从扩散管流出。

15-29 锅炉空气阀起什么作用？

答：在锅炉某些联箱导管的最高点，一般都要引出空气管，并装有排放空气的阀门。

锅炉空气阀的主要作用如下。

（1）在锅炉进水时，受热面水容积中空气占据的空间逐渐被水代替（水的重度大于空气的重度），在给水的驱赶作用下，空气向上运动聚拢，所占的空间越来越小，空气的体积被压缩，压力高于大气压，最后经排空气管通过开启的空气门排入大气。防止了由于空气滞留在受热面内对工质的品质及管壁的不良影响。

（2）当锅炉停炉后，泄压到零前开启空气门可以防止锅炉承压部件内因工质的冷却，体积缩小所造成的真空（即负压）；可以利用大气的压力，放出锅水。

15-30 过热器疏水阀有什么作用？

答：过热器疏水阀有如下两个作用。

（1）作为过热器联箱疏水用。

（2）在启、停炉时保护过热器管，防止超温烧坏。因为启、停炉时，主汽门处于关闭状态，过热器管内如果没有蒸汽流动冷却，管壁温度就要升高，严重时导致过热器管烧坏。为了防止过热器管在升火、停炉时超温，可将疏水阀打开排汽，以保护过热器。

15-31 什么是正常停炉？什么是故障停炉？什么是紧急停炉？

答：锅炉停炉分正常停炉、故障停炉和紧急停炉三种。

锅炉计划内大、小修停炉和由于总负荷降低为了避免大多数锅炉低负荷运行，而将其中一台锅炉停下转入备用，均属于正常停炉。

锅炉有缺陷必须停炉才能处理，但由于种种原因又不允许立即停炉，而要等常用锅炉投入运行或负荷降低后才能停炉的称为故障停炉。省煤器管泄漏但仍可维持正常水位，等待负荷安排好再停炉处理就是故障停炉的典型例子。

锅炉出现无法维持运行的严重缺陷，如水冷壁管爆破、锅炉灭火或省煤器管爆破，无法维持锅炉水位，安全阀全部失效，炉墙倒塌或钢架被烧红，所有水位计损坏，严重缺水满水等，不停炉就会造成严重后果，不需请示有关领导，应立即停炉的称为紧急停炉。

应该说明紧急停炉与紧急冷却或正常停炉与正常冷却是两回事，两者之间并无必然的联系。即紧急停炉也可以采取正常冷却，正常停炉也可采取紧急冷却。当检修工期较长时，紧急停炉可以采用正常冷却；当检修工期很短，甚至需要抢修时，为争取时间，正常停炉也可以采用紧急冷却。

紧急冷却虽然是规程所允许的，但对锅炉寿命有不利影响，因此，只要时间允许尽量不要采用紧急冷却。

15-32 水位计汽、水连通管和阀门发生泄漏或堵塞对水位的准确性有什么影响？

答：水位计汽、水连通管和阀门泄漏对水位的影响有两种：

一是蒸汽侧泄漏，造成水位偏高；二是水侧泄漏，造成水位偏低。

水位计汽、水连通管和阀门无论汽侧还是水侧堵塞，都使水位升高。

15-33　为什么水位计蒸汽侧泄漏会使水位偏高、水侧泄漏会使水位偏低？

答：水位计是利用连通器原理指示水位的。水位计汽侧的压力与汽包内的汽压相等是水位计正常指示水位的前提。水位计水侧泄漏水位偏低原理如图 15-1 所示。由水位计和汽包组成的连通器的底部中间 A 点的压力为 p_A，汽包汽压力为 p，如果忽略汽包内水和水位计内水的重度差，当水位计不泄漏时，汽包内水位 H_1 与水位计内位水 H_2 相等，$H_1=H_2=H$，水的重度为 r，A 点左边的压力等于右边的压力 $p_{Al}=p_{Ar}=p+Hr$。

当水位计汽侧泄漏时，汽包内的蒸汽通过汽连通管来补充。补充蒸汽在流经汽连通管时要产生压降 Δp，使水位计汽侧的压力下降。此时，A 点右边的压力 $p_{Ar}=p-\Delta p+H_2r$，而 A 点左边的压力 $p_{Al}=p+H_1r$。因为不管水位计是否泄漏，$p_{Ar}=p_{Al}$，即

$$p-\Delta p+H_2r=p+H_1r$$

移项后得

$$H_2r-H_1r=\Delta p$$

通过上式可以看出，水位计汽侧泄漏越严重，汽包补充的蒸汽量越多，蒸汽流经汽连通管的压降越大，水位计内水位升高得越多，其水位上升增加的静压等于来自汽包补充蒸汽产生的压降，如图 15-1 所示。

当水位计水侧泄漏时，汽包内的水通过水连通管来补充。补充水流经水连通管时产生压降 Δp，使 A 点左边的压力 p_{Al}降低，则

$$p_{Al}=p-\Delta p+H_1r$$

A 点右边的压力为

$$p_{Ar}=p+H_2r$$

因为 $p_{Al}=p_{Ar}$，即 $p-\Delta p+H_1r=p+H_2r$，移项后得

$$H_1r-H_2r=\Delta p$$

显然水位计水侧泄漏越严重，补充水流经水连通管产生的压降越大，水位计内水位降低得越多，其水位降低减少的静压等于补充水流经水连通管产生的压降，如图 15-2 所示。

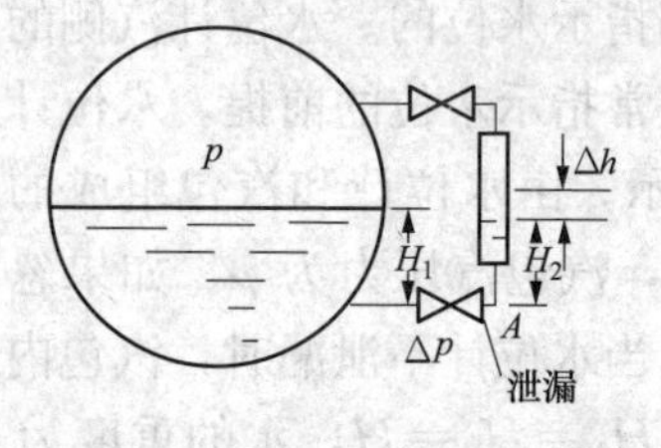

图 15-1 水位计水侧泄漏水位偏低原理

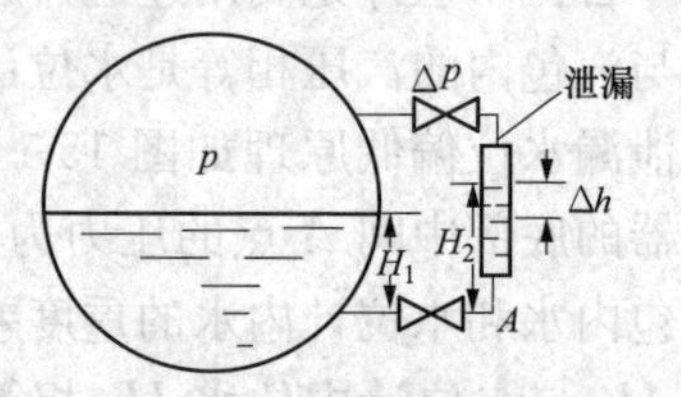

图 15-2 水位计汽侧泄漏水位偏高原理

虽然水位计汽侧或水侧泄漏时，来自汽包的补充蒸汽或补充水，流经汽连通管或水连通管产生的压降很小，但由于仅 0.001MPa 的压降即相当于 100mm 水柱的静压，对于正常水位波动范围为±50mm、最大不超过±75mm 的水位计来说，水位计汽侧或水侧泄漏对水位的影响还是很大的。因此，水位计出现泄漏应尽快予以消除。

15-34 为什么正常运行时，水位计的水位是不断上、下波动的?

答: 锅炉在正常运行时，蒸汽压力反映了外界用汽量与锅炉产汽量之间的动态平衡关系，当锅炉产汽量与外界用汽量完全相等时，蒸汽压力不变，否则蒸汽压力就要变化。平衡是相对的，变化是绝对的。用汽量和锅炉产汽量实际上是在不断变化的。当压力升高时，说明锅炉产汽量大于外界用汽量，炉水的饱和温度提高，送入炉膛的燃料有一部分用来提高炉水和蒸发受热面金属

的温度，剩余的部分用来产生蒸汽，由于水冷壁中产汽量减少，汽水混合物中蒸汽所占的体积减少，汽包里的炉水补充这一减少的体积，因而水位下降，反之，当压力降低时，水位升高。所以，造成了水位在水位计内上、下不断波动。燃料量和给水量的波动使得水冷壁管内含汽量发生变化，也会造成水位波动。

在运行中发现水位计水位静止不动，则可能是水位计水连通管堵塞，应立即冲洗水位计，使之恢复正常。

15-35　什么是干锅时间？为什么随着锅炉容量的增加，干锅时间减少？

答：锅炉在额定蒸发量下，全部中断给水，汽包水位从正常水位（0 水位）降低到最低允许水位（－75mm）所需的时间称为干锅时间。

由于汽包的相对水容积（每吨蒸发量所占有的汽包容积）随着锅炉容量的增大而减小，所以锅炉容量越大，干锅时间越短，因而对汽包水位调整的要求也越高。

15-36　为什么负荷骤增，水位瞬间升高；负荷骤减，水位瞬间降低？

答：在稳定负荷下，水冷壁管内蒸汽所占的体积不变，给水量等于蒸发量，汽包水位稳定。

负荷骤增分两种情况，一种情况是进入炉膛的燃料量没有发生变化，而外界负荷骤增。在这种情况下，蒸汽压力必然下降。由于相应的饱和温度下降，储存在金属和炉水中的热量，主要以水冷壁内炉水汽化的形式释放出来。炉水汽化使水冷壁管内蒸汽所占有的体积增加，而将多余的炉水排入汽包。此时给水量还未增加，由于物料不平衡引起的水位降低要经过一段时间才能反映出来，所以其宏观表现为水位瞬间上升。经过一段时间后，当水冷壁管内的蒸汽体积不再增加、达到平衡，而物料不平衡对水位产生明显影响时，水位逐渐恢复正常。如不及时增加给水量，则会出现负水位。

另一种情况是由于锅炉的燃料增加太快，使锅炉的蒸发量骤增。在这种情况下，由于水冷壁的吸热量骤增，水冷壁管内产生的蒸汽增多，蒸汽所占的体积增加，将水冷壁管内的炉水迅速排挤至汽包，使水位瞬间升高。

由此可以看出，无论属于何种情况，负荷骤增，水位必然瞬间升高。

同样的道理，负荷骤减时，由于蒸汽压力升高，相应的饱和温度提高，进入锅炉的燃料，一部分用来提高炉水和金属的温度，剩余的部分用来产生蒸汽。由于蒸汽所占的体积减小，汽包里的炉水迅速补充这部分减少的体积，物料不平衡对水位的影响较慢，所以瞬间水位降低。

由此可以看出，负荷骤增、骤减时，不但给水流量和蒸汽流量不平衡会引起汽包水位变化，而且水冷壁管内汽水混合物体积的变化也会引起汽包水位变化，如图 15-3 所示。负荷骤增时，汽水量不平衡水位的受化、炉水体积膨胀水位的变化及汽包最终的水位变化如图 15-4 所示。为了防止汽包水位大幅度波动，负荷增减要缓慢，要勤调整。

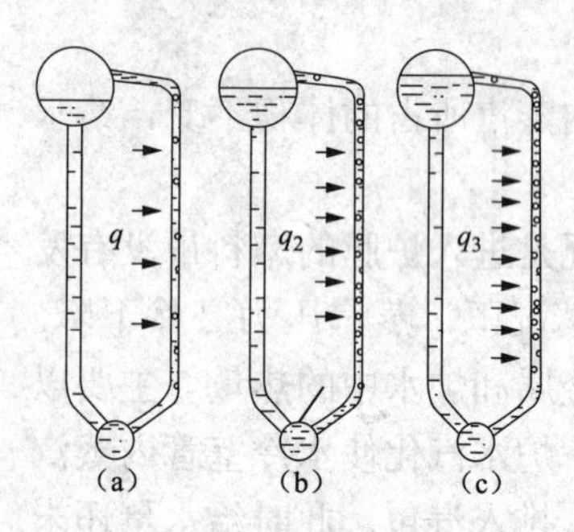

图 15-3　负荷骤增、骤减汽包水位变化示意

(a) 负荷骤减；(b) 负荷稳定；(c) 负荷骤增

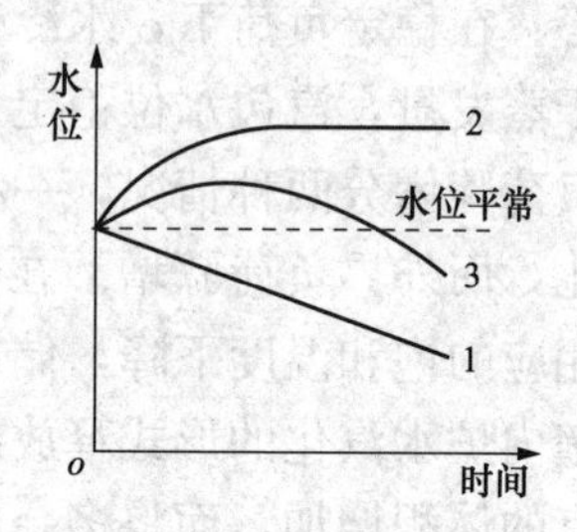

图 15-4　锅炉负荷骤增、汽包水位的变化

1—汽水量不平衡水位的变化；2—炉水体积膨胀水位的变化；3—最终的水位变化

15-37　什么是三冲量给水自动调节？

汽包水位是锅炉最重要的控制项目之一。汽包水位过高，轻则使蒸汽带水而品质下降，重则危及汽轮机的安全；汽包水位过低，将危及水循环安全，严重缺水会造成大批水冷壁管烧坏。随着锅炉容量的增大，汽包相对水容积减少，干锅时间缩短，对汽包水位调节的要求提高。手动调节不但劳动强度大而且汽包水位波动较大，一般锅炉都装有各种形式的给水自动调节器，大、中型锅炉大多采用三冲量给水自动调节。

所谓三冲量给水自动调节，是指给水自动调节器根据汽包水位脉冲、蒸汽流量脉冲和给水流量脉冲三个脉冲信号进行汽包水位调节。因为给水自动调节的对象是汽包水位，所以汽包水位是主脉冲信号。汽包水位反映了蒸汽流量和给水流量之间的平衡关系，通常是蒸汽流量因锅炉负荷变化而改变时，在给水流量未改变之前，因平衡破坏才引起汽包水位变化的，即蒸汽流量变化在前，汽包水位变化在后，因此蒸汽流量脉冲称为导前脉冲。调节器接受导前脉冲或主脉冲信号后，发出改变给水调节阀开度的信号，给水流量改变的脉冲又送至调节器，因此，给水流量脉冲称为反馈脉冲。

因为三冲量给水调节器不但有主脉冲，而且有导前脉冲和反馈脉冲，所以，不但调节灵敏，而且调节质量好，汽包水位波动很小，因而被大、中型锅炉广泛采用。三冲量给水调节系统如图 15-5所示。

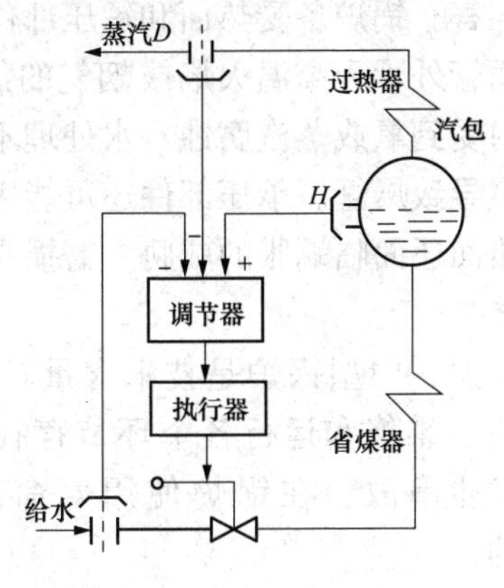

图 15-5　三冲量给水自动调节系统

15-38　为什么省煤器管泄漏停炉后，不准开启省煤器再循环阀？

答：停炉后一段时间内因为炉墙的温度还比较高，当锅炉不上水时，省煤器内没有水流动，为了保护省煤器，防止过热，应将省煤器再循环阀开启。但是如果省煤器泄漏，则停炉后不上水时不准开启再循环阀，防止汽包里的水经再循环管，从省煤器漏掉。

按规定停炉24h后，如果水温不超过80℃，才可将炉水放掉。如果当炉水温度较高时，汽包里的水过早地从省煤器管漏完，因对流管或水冷壁管壁比汽包壁薄得多，管壁热容小，冷却快，汽包壁热容大，冷却慢，容易引起汽包胀口泄漏或管子焊口出现较大的热应力。

为了保护省煤器，停炉后可采取降低补给水流量，延长上水时间的方法使省煤器得到冷却。

15-39　怎样分析、查明事故原因？

答：锅炉各受热面和承压部件在各种严酷的条件下工作，受热面管外承受高温火焰或烟气的加热且面临着高温或低温腐蚀，管内受到氧或蒸汽腐蚀，水处理不良会使管内结垢，引起管壁超温，导致爆管。承压部件还可能因疲劳热应力而产生裂纹，高温受热面还面临蠕胀的威胁。磨损是对流受热面管子爆破的主要原因之一。

大、中型锅炉是技术含量较高的大型产品，设计、制造，安装、维修和运行各个环节存在的不合理或错误均会导致锅炉发生事故。在锅炉使用寿命期间，其事故是难于完全避免的。

对待事故“四不放过”是人们在处理大量事故的基础上，科学地总结出来的对待事故应持的正确态度和应采取的正确方法。落实“四不放过”的关键是要分析和查明事故原因。只有事故原因查明了，事故责任者和群众才会从中得到教育，才能有效地制订出防范措施，防止类似事故再次发生。

（1）事故发生后要及时召开事故分析会。先由当事人介绍事故经过，情况较复杂时当事人应提交书面材料。通常当事故发生当事人处理正确而没有责任时，当事人介绍的事故经过或提供的书面材料均真实可靠，如当事人处理不当而有责任时，出于利害关系的考虑，为了推卸或减轻责任，其真实可靠性较差，往往会隐瞒事故真相，甚至有伪造事故现场的事情发生。例如，由于设备原因发生事故，当事人处理正确，事故原因很快容易查清，而由于操作不当或错误发生的事故，往往一次事故分析会难于查明事故原因。对于后一种情况，先不要轻易下结论，可会后作进一步调查，了解情况后再次开会。一般情况下，只要事故原因不涉及外单位，事故的原因又不是很复杂，开两次最多三次分析会，事故原因通常都可以查清。

（2）重大事故要成立事故调查组。有些事故损失很大，事故原因不仅复杂而且涉及外单位，仅由事故发生单位召开几次分析会难以查明原因，这时应成立由行政领导、技术人员和安全员组成的事故调查组。首先要将事故发生时的仪表记录纸全部取下复印交有关人员每人一份。记录纸客观准确、连续地记录了事故过程中各重要工艺参数的变化，对分析查明事故原因帮助很大。调查人员将当事人提供的情况与记录纸上参数变化和现场情况相互对照，如能相互吻合，则表明当事人提供的情况真实可信；如不吻合，则必然会出现相矛盾的情况，也不能圆满解释现场出现的各种现况。这时调查人员应严肃地向当事人指出其隐瞒事故真相的事实，只要调查人员有理有据地指出问题，打消其侥幸心理，当事人往往会很快说出事故的真实情况，事故原因也就很快查明。

（3）通过现场试验查明事故原因。有些事故是由于设备有缺陷引起的，而运行人员操作处理并没有错误；有些事故是设备有缺陷，而运行人员操作处理不当引起的；有些事故完全是由于运行人员操作处理错误造成的，为了查明事故原因，分清责任，必要时可以通过现场试验来确定。

（4）对于因纯技术原因造成的事故可采取逐项排除法分析查明事故原因。对由于设计不合理、制造安装缺陷或材质不合格等纯技术原因造成的事故，由于事故的原因较复杂，要从众多可能的原因中分析查明事故的确切原因，可以将可能的原因全部列出，然后逐项进行分析排除，最后剩下的一个或几个原因就是事故的真正原因。

15-40　怎样用逐项排除法分析、查明事故原因？

答：大、中型锅炉是一种技术含量较高，结构较复杂，运行条件较严酷的大型设备，锅炉在运行中经常会发生一些纯技术原因引起的事故，最常见的事故是炉管爆破。

设计、制造、安装、维修或运行各个环节出现的缺陷或错误均可能造成炉管爆破。炉管爆破的具体原因很多，如磨损管壁减薄；管内外各种原因的腐蚀使管壁减薄或穿孔；水循环不正常引起的水冷壁管超温过热；水质不合格，管内结垢引起的水冷壁管鼓包胀粗；炉管堵塞造成的炉管冷却不足引起的超温过热；错用碳钢管代替合金钢管，错用低合金钢管代替高合金钢管，钢材的许用温度低于工作温度；炉管本身有重皮夹渣或机械损坏等缺陷。以上每个原因中又有很多具体不同的原因。

炉管爆破有的原因比较显而易见，根据炉管爆破的外观特征和部位比较容易确定。磨损减薄引起的炉管爆破通常发生在省煤器管子的正面，位于烟气走廊处，爆口处管子光滑；低温腐蚀引起的爆管总是发生在省煤器低温段，爆口处管子外表凹凸不平且明显减薄。但是有些炉管的爆破原因比较复杂，一时难以确定，甚至难以理解，现有的文献资料上也查不到，众说纷纭，各种解释和理由争论不休。例如，某厂一台燃油锅炉新换的高温段省煤器爆管，管材质量合格，管子也没有任何磨损、腐蚀减薄，管内也无任何水垢；某厂一台运行多年的锅炉突然发生斜顶棚水冷壁管爆破，管子缺陷、水循环回路设计不合理，管内结垢，管子堵塞等原因全部排除。对于这种原因复杂的炉管爆破事故可以采用逐项排除法来分析查明事故的真正原因。首先将可能引起炉管爆破的各种原因全部列出，然后逐项进行分析。对每个可能的原因，只要找出一点与公知公认的规律和常识相矛盾之处，即可将该项原因排除。对最后剩下的原因，不但找不出任何与公认公知的知识和常识相矛盾之处，而且可以十分圆满地解释事故现场出现的各种现象和存在的各种事实，那么这个原因必然是引起炉管爆破的真正原因。

长期的生产实践证明，采用逐项排除法分析、查明事故原因非常有效。但是由于很多引起事故的技术原因很复杂，要在众多可能的原因中查明确切的原因，需要熟练掌握较多的相关专业知识，例如，传热学、流体力学、金属学、锅炉原理、材料力学、物理、化学等学科的知识。因此，参加事故分析的工程技术人员，不但要具备较深厚的专业理论基础，较宽的知识面，而且应对设备的构造和工作原理较为熟悉，且有较丰富的生产实践经验。

15-41 为什么给水温度降低，蒸汽温度反而升高？

答：为了提高整个电厂的热效率，发电厂的锅炉都装有给水加热器，在给水泵以前的加热器称为低压加热器，在给水泵以后的加热器称为高压加热器。给水经高压加热器后，给水温度大大提高。例如，中压锅炉给水温度大都加热到172℃，高压锅炉给水温度一般加热到215℃，超高压锅炉给水温度加热到240℃，亚临界压力锅炉给水温度加热到260℃。

在运行中由于高压加热器泄漏等原因，高压加热器解列时给水经旁路向锅炉供水。锅炉的给水温度降低后，燃料中的一部分热量要用来提高给水温度。假如蒸发量维持不变，则燃料量必然增加，炉膛出口烟气温度和烟气流速都要提高，过热器的吸热量增加，蒸汽温度必然要升高。给水温度降低后，假定燃料量不变，则由于燃料中的一部分热量用来提高给水温度，用于蒸发产生蒸汽的热量减少，而此时由于燃烧工况不变，炉膛出口的烟气温度和烟气速度不变，过热器的吸热量没有减少。但由于蒸发量减少，蒸汽温度必然升高。因此给水温度降低，蒸汽温度必然升高。

15-42 为什么蒸汽压力升高，蒸汽温度也升高？

答：锅炉在运行时，蒸汽压力反映了锅炉产汽量与外界用汽量之间的平衡关系。当两者相平衡时，蒸汽压力不变。

当蒸汽压力升高时，则说明锅炉产汽量大于外界用汽量。锅炉蒸汽压力升高，炉水的饱和温度也随之升高。在锅炉燃料量不变的情况下，外界负荷减少，多余的热量就储存在炉水和金属受热面中，一部分蒸汽因压力升高被压缩储存在汽包的蒸汽空间和水冷壁管内。由于此时燃烧工况未变，过热器入口的烟气温度和烟气流速均未变，即过热器的吸热量未变，而过热器入口的饱和蒸汽温度因蒸汽压力升高而增加，蒸汽流量因外界负荷减少而降低。所以，蒸汽压力升高，蒸汽温度也升高。

15-43 对电动机的启动间隔有何规定？

答：在正常情况下，鼠笼式转子的电动机允许在冷态下启动2～3次，每次间隔时间不得小于5min，允许在热态下启动1次。只有在事故处理时，以及启动时间不超过2～3s的电动机可以视具体情况多启动一次。

15-44 三相异步电动机有哪几种启动方法？

答：三相异步电动机有如下三种启动方式：

（1）直接启动。电动机接入电源后在额定电压下直接启动。

（2）降压启动。将电动机通过一专用设备使加到电动机上的电源电压降低，以减少启动电流，待电动机接近额定转速时，电动机通过控制设备换接到额定电压下运行。

（3）在转子回路中串入附加电阻启动。这种方法使用于绕线式电动机，它可减小启动电流。

15-45　电动机检修后试运转应具备什么条件方可进行？

答： 电动机检修后试运转应具备下列条件方可进行。

（1）电动机检修完毕，回装就位，冷态验收合格。

（2）机械找正完毕，对轮螺栓紧固齐全；电动机的电源装置检修完毕，回装就位，一经送电即可投入试运转。

（3）工作人员撤离现场，收回工作票。

15-46　汽包锅炉上水时应注意哪些问题？

答： 汽包锅炉上水时应注意下列问题。

（1）注意所上水质合格。

（2）合理选择上水温度和上水速度。为了防止汽包因上、下和内、外壁温差大而产生较大的热应力，必须控制汽包壁温差不大于 40℃。故应合理选择上水温度，严格控制上水速度。

（3）保持较低的汽包水位，防止点火后的汽水膨胀。

（4）上水完成后检查水位有无上升或下降趋势。提前发现给、放水门有无内漏。

（5）高、中压系统上水前尽量投入低压汽包加热，提高给水温度。

（6）省煤器上水时注意排尽省煤器内空气。

（7）锅炉上水后应对炉水水质进行化验，若水质不合格应进行锅炉冲洗。

15-47　汽包水位过高和过低有什么危害？

答： 为了使汽包内有足够的蒸汽空间，保证良好的汽水分离效果，以获得品质良好的蒸汽，一般规定汽包中心线以下 150mm 为零水位。正常上、下波动范围为±50mm，最大波动范围不超过±75m。

汽包水位过高，则由于蒸汽空间太小，会造成汽水分离效果不好，蒸汽品质不合格。

汽包水位太低会危及水循环的完全。对于安装了沸腾式省煤器的锅炉，汽包中的水呈饱和状态，汽包里的水进入下降管时，截面突然缩小，产生局部阻力损失。炉水在汽包内流速很低，进入下降管时流速突然升高，一部分静压能转变为动压能。因此，水从汽包进入下降管时压力要降低。如果汽包的水位不低于允许的最低水位，汽包液面至下降管入口处的静压超过水进入下降管造成的压力降低值，则进入下降管的炉水不会汽化。如果水位过低，其静压小于炉水进入下降管的压降，进入下降管的炉水就可能汽化，而危及水循环的安全。

汽包水位过低还有可能使炉水进入下降管时形成漏斗，汽包内的蒸汽从漏斗进入下降管而危及水循环的安全。

因此，为了获得良好的蒸汽品质，保证水循环的安全，汽包水位必须保持在规定的范围内。

15-48　论述锅水 pH 值变化对硅酸的溶解携带系数的影响。

答：当提高锅水中 pH 值时，水中的 OH^- 浓度增加，硅酸与硅酸盐之间处于水解平衡状态，则

$$SiO_3^{2-} + H_2O \longrightarrow HSiO_3^- + OH^-$$

$$HSiO_3^- + H_2O \longrightarrow H_2SiO_3 + OH^-$$

使锅炉水中的硅酸减少，随着锅水中 pH 值的上升，饱和蒸汽中硅酸的溶解携带系数减小。反之，降低锅水中 pH 值，锅水中的硅酸增多，饱和蒸汽中硅酸的溶解携带系数将增大。

15-49　锅炉安全阀校验时排放量及起回座压力有何规定？

答：锅炉安全阀校验时排放量及起回座压力的规定如下。

（1）汽包和过热器上所装全部安全阀蒸汽排放量的总和应大于锅炉最大连续蒸发量。

（2）当锅炉上所有安全阀均全开时，锅炉的超压幅度，在任何情况下均不得大于锅炉设计压力的 6%。

（3）再热器进、出口安全阀的总排放量应大于再热器的最大设计流量。

（4）直流锅炉启动分离器安全阀的排放量中所占的比例，应保证安全阀开启时，过热器、再热器能得到足够的冷却。

（5）安全阀的起座压力。汽包、过热器控制安全阀为其工作压力的1.05倍，工作安全阀为其工作压力的1.08倍；再热器进、出口控制安全阀为其工作压力的1.08倍，再热器进、出口的工作安全阀为其工作压力的1.1倍。

（6）安全阀的回座压差，一般应为起座压力的4%～7%，最大不得超过起座压力的10%。

15-50　简述锅炉安全阀的校验原则。

答：锅炉安全阀的校验原则如下。

（1）锅炉大修后或安全阀部件检修后，均应对安全阀定值进行校验。带电磁力辅助操作机械的电磁安全阀，除进行机械校验外，还应做电气回路的远方操作试验及自动回路压力继电器的操作试验。纯机械弹簧式安全阀可采用液压装置进行校验调整，一般在75%～80%额定压力下进行，经液压装置调整后的安全阀，应至少对最低起座值的安全阀进行实际起座复核。

（2）安全阀校验的顺序，应先高压、后低压，先主蒸汽侧、后再热蒸汽侧，依次对汽包、过热器出口，再热器进、出口安全阀逐一进行校验。

（3）安全阀校验，一般应在汽轮发电机组未启动前或解列后进行。

15-51　简述锅炉云母水位计冲洗操作步骤及注意事项。

答：锅炉运行过程中应对水位计进行定期冲洗。而当发现水位计模糊不清或水位停滞不动有堵塞怀疑时，应及时进行冲洗。一般冲洗水位计的步骤为：

（1）关闭汽、水侧二次阀后，再开启半圈。

(2) 开启放水门，对水位计及汽水连通管道进行汽、水共冲。

(3) 关闭水侧二次阀，冲汽侧连通管及水位计。

(4) 微开水侧二次阀，关闭汽侧二次门，冲水侧连通管及水位计。

(5) 微开汽侧二次阀，关闭放水阀。

(6) 全开汽、水侧二次阀，水位计恢复运行后，应检查水位计内的水位指示，与另一侧运行的水位计指示一致，如水位指示不正常或仍不清楚，应重新清洗。

锅炉云母水位计冲洗注意事项如下。

(1) 水位计在冲洗过程中，必须注意防止汽连通门、水连通门同时关闭的现象。因为这样会使汽、水同时不能进入水位计，水位计迅速冷却，冷空气通过放水门反抽进入水位计，使冷却速度更快；当再开启水连通门或汽连通门，工质进入时，温差较大，会引起水位计损坏。

(2) 在工作压力下冲洗水位计时，放水门应开得很小。这是因为水位计压力与外界环境压力相差很大，放水门若开得过大，汽水剧烈膨胀，流速很高，有可能冲坏云母片或引起水位计爆破，放水门开得越大，上述现象越明显。

(3) 在进行冲洗或热态投入水位计时，应遵守“电业安全工作规程”规定。检查和冲洗时，应站在水位计的侧面，并看好退路，以防烫伤或水位计爆破伤人。操作应戴手套、缓慢小心，暖管应充足，以免产生大的热冲击。

15-52 常用的汽包水位计有哪几种？反事故措施中水位保护是如何规定的？

答： 常用的汽包水位计有电接点水位计、差压水位计、云母水位计、磁翻板式水位计等。

反事故措施中水位保护的规定如下。

(1) 水位保护不得随意退出，应建立完善的汽包水位保护投停及审批制度。

（2）汽包水位保护在锅炉启动前和停炉前应进行实际传动试验，应采用上水进行高水位保护试验，用排污门放水进行低水位保护试验，严禁用信号短接法进行模拟传动代替。

（3）三路水位信号应相互完全独立，汽包水位保护应采用三取二逻辑；当有一路退出运行时，应自动转为二取一方式，并办理审批手续，限8h恢复；当有两路退出运行时，应自动转为一取一方式，应制订相应的安全措施，经总工程师批准，限8h内恢复，否则立即停炉。

（4）在确认水位保护定值时，应充分考虑因温度不同而造成的实际水位与水位计（变送器）中水位差值的影响。

（5）水位保护不完整严禁锅炉启动。

15-53 锅炉启动过程中防止汽包壁温差过大的主要措施有哪些?

答：锅炉启动过程中防止汽包壁温差过大的主要措施如下。

（1）及早地投入蒸汽推动装置，延长加热时间，尽可能提高炉水温度。

（2）按锅炉升压曲线严格控制升压速度，尤其是低压阶段的升压速度应力求缓慢，这是防止汽包上、下壁温差过大的重要和根本措施，加热速度应控制炉水饱和温度升温率为28～56℃/h，饱和蒸汽温度上升速度不应超过1.5℃/min。

（3）升压初期蒸汽压力的上升要稳定，尽量不要使蒸汽压力波动太大。

（4）加强水冷壁放水，油枪、燃烧器对称投入使炉膛受热均匀，促进水循环。

（5）尽量提高给水温度。

（6）采用滑参数启动。

第四部分 故障分析与处理

第十六章

余热锅炉典型事故类型

16-1　发电厂应杜绝哪五种重大事故？

答：发电厂应杜绝以下五种重大事故。

（1）人身死亡事故。

（2）全厂停电事故。

（3）主要设备损坏事故。

（4）火灾事故。

（5）严重误操作事故。

16-2　什么是锅炉事故？

答：锅炉运行中，锅炉参数超过规定值，经调整无效；锅炉主辅设备发生故障、损坏，造成少发电或人员伤亡。锅炉事故一般可分为一般事故、重大事故、锅炉爆炸事故。

16-3　锅炉运行中，事故处理总的原则是什么？

答：锅炉运行中，随时都可能发生事故，处理总的原则如下。

（1）沉着冷静，判断准确并迅速处理。

（2）尽快消除事故根源，隔绝事故点，防止事故蔓延。

（3）在确保人身安全和设备不受损坏的前提下，尽可能恢复锅炉正常运行，不扩大事故。

（4）发挥正常运行设备的最大出力，尽量减少对用户的影响。

16-4 事故分析的“四不放过”各是什么？

答：事故分析的“四不放过”如下。

（1）事故原因没有查清不放过。

（2）事故责任没有吸取教训不放过。

（3）没有制订相应的防范措施不放过。

（4）事故责任者没有得到处理不放过。

16-5 什么是设备缺陷？

答：凡设备出现威胁安全和影响经济运行等异常情况，均称为设备缺陷。

16-6 蒸发器或省煤器管道爆破现象、原因及处理办法有哪些？

答：（1）蒸发器或省煤器管道爆破现象如下。

1）汽包水位下降，给水流量不正常地增加，大于蒸汽流量。

2）热水循环流量增加，严重时循环泵电流增加。

3）烟道处有泄露声，蒸发器后排烟温度下降，排烟有白汽。

4）烟道不严密处有外冒汽，严重时从烟道底部滴水。

5）严重时汽包压力下降。

（2）蒸发器或省煤器管道爆破原因如下。

1）给水品质不合格，管道内部腐蚀。

2）管道膨胀受阻，管道与联箱接口焊缝拉开导致泄漏。

3）鳍片管外部集灰严重，导致管道外部腐蚀穿孔。

4）管道弯头减薄破裂。

（3）蒸发器或省煤器管道爆破处理方法如下。

1）如果泄漏不严重，加强给水能够维持水位，可以加强监视继续运行，记录故障参数。

2）如果爆破严重，加强进水仍然不能维持水位时，应该立即停炉，防止事故扩大。

16-7　过热器管道爆破现象、原因及处理方法有哪些?

答:（1）过热器管道爆破现象如下。

1）过热蒸汽流量不正常地小于给水流量。

2）损坏严重时，锅炉蒸汽压力下降。

3）过热蒸汽温度升高。

4）过热器附近有杂声。

（2）过热器管道爆破原因如下。

1）管内结垢，引起管壁温度升高，损坏管子。

2）燃油烟气中有害元素，使管产生高温腐蚀。

3）管束被杂物堵塞。

4）运行时间长，管材蠕胀。

（3）过热器管道爆破处理方法如下。

1）如判明损坏发生严重、危及设备安全，应立即停炉，以免破口处有大量蒸汽喷出，吹坏附近管子，造成事故扩大。

2）如果泄漏不严重时，可允许短时间维持运行，并注意观察损坏及发展情况，待申请停炉批准后，停止锅炉运行。

16-8　除氧器管损坏现象、原因及处理方法有哪些?

答:（1）除氧器管损坏现象如下。

1）补水量明显增大，严重时除氧器水箱水位下降。

2）蒸发器烟道有响声。

3）排烟温度降低，烟囱冒白烟。

4）严重损坏时，烟道下部滴水。

（2）除氧器管损坏原因如下。

1）管口焊接质量不良，管子损坏。

2）管子外部腐蚀，严重时穿孔。

3）吹灰器安装不合理，吹扫角度不对，将管子吹坏。

4）给水温度变化频繁，金属疲劳引起爆管。

（3）除氧蒸管损坏处理方法如下。

1）轻微泄漏时，加强补水，维持水箱正常水位，申请停炉处理。

2）严重损坏时，不能维持给水箱水位时，立即停炉。

16-9 为什么对停用的锅炉要进行保护？短期停用的锅炉常用的保护方法有哪些？

答： 锅炉停炉放水后，炉管金属内表面受潮而附着一薄层水膜或者某些部位的存水无法放净，外界空气进入水汽系统后，空气中的氧便溶解在水膜或积水中，使承压部件受此腐蚀，因此，在锅炉停用期间，必须进行保护。

短期停用的锅炉常用的保护方法有保持给水压力法、保持蒸汽压力法、热炉放水法、利用余热烘干法。

16-10 什么叫暖管？暖管的目的是什么？暖管速度过快有何危害？

答： 利用锅炉生产的蒸汽通过主汽旁路阀缓慢加热蒸汽管道，将蒸汽管道加热到接近其工作温度的过程，称暖管。

暖管的目的是通过缓慢加热使管道及附件（阀门、法兰）均匀升温，防止出现较大温差应力，并使管道内的疏水顺利排出，防止出现水击现象。

暖管时升温速度过快，会使管道与附件有较大的温差，从而产生较大的附加应力。另外，暖管时升温速度过快，可能使管道中疏水来不及排出，引起严重水击，从而危及管道、管道附件以及支吊架的安全。

16-11 停炉锅炉防锈蚀方法有哪几种？

答： 一般停炉锅炉防锈蚀方法有湿保护、干保护两种。

湿保护包括联氨法、氨液法、保持给水压力法、蒸汽加热法、碱液化法、磷酸三钠和亚硝酸混合溶液保护法。

干保护包括烘干法（热炉放水）和干燥剂法。

16-12　事故按钮在什么时候可以使用？

答：事故按钮在下列情况下可以使用。

（1）电动机电流不正常地超过额定值经处理无效时。

（2）电动机冒烟、冒火或有焦臭味时。

（3）轴承温度不正常地升高，经处理无效且超过规定值时。

（4）转动设备内部有明显的摩擦声或振动很大、超过规定值时。

（5）危急人身、设备安全，必须立即停用才能解救时。

16-13　锅炉禁止启动的条件有哪些？

答：遇有下列情况之一时，应禁止锅炉启动。

（1）当锅炉总连锁及其他保护装置故障或有缺陷不能保证可靠动作时。

（2）当主要的远操作机构和机械部分有缺陷造成卡涩、拒动、失调现象时（有备用设备系统除外）。

（3）当就地两只汽包水位计均不能投用时。

（4）当低压汽包水位计投入少于两只时。

（5）主要设备、管道的支吊架松脱或损坏，有坠落危险时。

（6）当锅炉水压试验不合格，并有明显的泄漏现象时。

（7）当主要汽水管道保温不完整时。

16-14　如何预防省煤器爆破？

答：预防省煤器爆破方法如下。

（1）在启动初期和低负荷时，要连续进水。

（2）运行中要保持给水流量及温度的稳定。

（3）省煤器两侧烟气温度差较大时，应及时消除；省煤器管泄漏时，要尽快进行停炉处理。

（4）保持给水品质合格，防止内壁腐蚀。

（5）停炉放水时，省煤器内积水要全部放尽。

（6）保证制造、安装、检修质量良好。

16-15 如何预防过热器爆破？

答：预防过热器爆破方法如下。

（1）在锅炉启、停及事故情况下，应及时开启过热器向空排汽门或旁路系统，防止超温、超压。

（2）启动时，严格控制升温、升压速度，同时控制过热器出口蒸汽温度低于额定蒸汽温度50～60℃。

（3）正确使用减温水。启动初期，尽量少用或不用减温水，运行中减温水量要稳定，防止汽温过低、保持良好的锅水和蒸汽品质，防止内部结垢。

（4）保证制造、安装、检修质量良好。

（5）做好防磨吹灰、防高温腐蚀工作。

（6）严禁超负荷运行。

16-16 提高蒸汽品质的措施有哪些？

答：提高蒸汽品质的措施如下。

（1）减少给水中的杂质，保证给水品质良好。

（2）合理地进行锅炉排污。连续排污降低锅水的含盐量、含硅量，定期排污可排除锅水中的水渣。

（3）汽包中装设蒸汽净化设备。包括汽水分离装置、蒸汽清洗装置。

（4）严格监督汽、水品质，调整锅炉运行工况。各台锅炉汽、水监督指标是根据每台锅炉热化学试验确定的，运行中应保持汽、水品质合格。锅炉运行负荷的大小、水位的高低都应符合热化学试验所规定的标准。

16-17 省煤器再循环门在正常运行中泄漏有何影响？

答：省煤器再循环门在正常运行中泄漏，会使部分给水经由循环管短路直接进入汽包而不经过省煤器内受热，水温较低，易造成汽包上下壁温差增大，产生热应力而影响汽包寿命。另外，使省煤器通过的给水减少、流速降低而得不到充分冷却。因此，在正常运行中，循环门应关闭严密。

16-18　锅炉升温、升压过程应注意什么问题？

答：机组用高压旁路和低压旁路，用燃烧控制升温、升压率，一般点火后初期升温速度为1.5℃/min，并网后升温速度3～5℃/min，控制两侧烟气温差、汽包的上下及内外壁温差、受热面的各部分膨胀和炉膛出口温度等，投用连续排污装置和进行定期排污，开启过热器和汽轮机有关的疏水门，升温、升压到冲转参数。

16-19　什么是A类、B类设备缺陷？消除缺陷时限是多少？

答：A类设备缺陷是指不用设备倒换、系统隔绝、不影响机组安全运行和机组出力即可消除的缺陷。

B类设备缺陷是指在不停止主设备运行、不影响机组或全厂出力的情况下，通过设备倒换、系统隔绝即可消除的设备缺陷。

A类、B类缺陷消除缺陷时限：小缺陷不过班，大缺陷不过天，按24h消除为限。

16-20　什么是C类设备缺陷？

答：C类设备缺陷分为C1类和C2类两种。

C1类缺陷指通过机组降负荷可彻底处理的缺陷；可临时处理或通过机组降负荷可临时处理，需要停机才能彻底消除的缺陷；设备参数已超标但仍可继续监视运行，需要制订技术方案，结合机组检修、临停才能彻底消除的设备缺陷。

C2类缺陷指直接危及人身和设备安全，需要立即停机进行消除的缺陷。

第十七章 余热锅炉故障分析与排除

17-1 锅炉缺水的原因有哪些?

答: 锅炉缺水的原因如下。

(1) 给水自动调节装置失灵，未及时解除。

(2) 运行人员监视水位不严或误操作。

(3) 给水管路阀门故障。

(4) 水位计指示不正确，造成运行人员误判断或误操作。

(5) 给水压力与汽包压力的差值过小。

(6) 定期排污操作不当或排污门严重泄漏。

(7) 给水管道疏水、省煤器放水或事故放水门被误开。

(8) 安全门动作或突升负荷时未及时加强进水。

17-2 简述汽包满水故障。

答: (1) 汽包满水现象如下。

1) 汽包水位超过正常水位，达到高水位报警值。

2) 给水流量不正常地高于蒸汽流量。

3) 严重满水时，过热蒸汽温度急剧下降，主蒸汽温度发生水击和摆动。

(2) 汽包满水原因如下。

1) 给水自动失灵，发现不及时。

2) 运行人员操作不当或误操作。

3) 给水流量计或蒸汽流量计传感器不准确。

4) 汽包压力突然降低，造成汽包水位上升。

(3) 汽包满水处理方法如下。

1）发现高水位报警时，检查汽包压力，给水压力正常，并对汽包水位进行对照，指示正确。

2）检查紧急放水门或连续排污门应该连锁打开或保护打开，否则应该手动打开。

3）撤出给水自动，手动调节给水流量。

4）当给水调节门在高位置卡住、不能操作时，现场通过给水调节门的旁路手动门进行调节，逐渐关闭调进行门前的手动门，及时通知检修处理。

5）当经过较长时间水位已经达到＋430mm时，应该注意过热器出口温度是否降低、蒸汽管道是否有水击的声音；否则，应注意汽轮机门前温度，做好停机的准备。

6）如果在启动过程中，高压大旁路突然打开，造成压力突降，出现虚假水位时，应减少操作，在水位开始回落时，增加给水流量，防止出现真正的缺水现象。

17-3　简述汽包缺水故障。

答：（1）汽包缺水的现象如下。

1）汽包水位低于正常水位，低水位信号报警。

2）给水流量不正常，小于蒸汽流量。

3）水位计指示低。

4）过热蒸汽温度高，严重时过热蒸汽流量急剧下降。

（2）汽包缺水的原因如下。

1）给水调节门失灵或故障，未能及时发现及处理。

2）给水泵跳闸，备用泵未能连锁启动。

3）给水压力低。

4）给水管道或省煤器管道破裂。

5）安全阀启座后不回座。

6）锅炉连续排污门、紧急放水门因故障导致误打开或泄漏量过大。

（3）汽包缺水的处理方法如下。

1）适当增加给水量；汽轮机适当降负荷。

2）如果排污阀打开，立即关闭。

3）若处理无效，水位降至极限值以下或因给水系统故障无法增加给水量，应立即停炉。

4）因为锅炉无挡板可调，必须停燃汽轮机。

5）停炉后若判明为严重缺水，严禁向锅炉进水。

17-4 简述蒸汽及给水管道损坏的现象、原因及处理方法。

答：（1）蒸汽及给水管道损坏的现象如下。

1）管道有轻微泄漏，发出响声，保温层潮湿或漏汽、滴水。

2）管道爆破时，发出显著响声，喷出汽水。

3）蒸汽或给水流量变化异常，爆破位置在流量计前，流量读数减少；若在流量计后，流量读数增加。

4）蒸汽或给水压力下降。

5）给水母管爆破时，汽包水位下降。

（2）蒸汽及给水管道损坏的原因如下。

1）管材质量不合格，焊接质量不良，安装不当。

2）管道安装支吊装置不正确，影响管道的自由膨胀。

3）蒸汽管道超温运行，蠕胀超时，金属强度降低。

4）蒸汽管道暖管不充分，发生严重的水冲击。

5）给水质量不良，造成管道腐蚀。

6）给水管局部外刷，管壁减薄。

（3）蒸汽及给水管道损坏的处理方法如下。

1）当轻微泄漏，能够维持锅炉给水，且不至于扩大事故时，可以维持短时间运行。

2）当故障加剧，威胁到设备及人身安全时，应该立即进行停炉处理。

3）当蒸汽管或给水管发生爆破时，应该立即停炉处理。

17-5　简述余热锅炉禁止启动的条件。

答：余热锅炉禁止启动的条件如下。

（1）安全阀、压力调节阀试验不合格。

（2）水压试验不合格。

（3）承压部件泄漏。

（4）烟道入口膨胀节破损、过热器出口膨胀节破损。

（5）炉水品质不合格。

（6）两台高压/低压给水泵、两台高压/低压循环泵故障、两台除氧循环泵无法启动。

（7）高压/低压汽包、除氧器水位不满足启动水位。

（8）主要表计不能正常投入。

（9）主保护部分未投入。

（10）DCS系统出现故障。

17-6　锅炉停炉分哪几种类型？其操作要点是什么？

答：根据停炉前所处的状态以及停炉后的处理，锅炉停炉可分为如下3种类型。

（1）正常停炉。按照计划，锅炉停炉后要处于较长时间的备用，或进行大修，小修等。这种停炉需要按照降压曲线，进行减负荷、降压，停炉后进行均匀缓慢的冷却，防止产生热应力。

（2）热备用停炉。按照调度计划，锅炉停止运行一段时间后，还需要启动继续运行。这种情况停炉，应该设法减小热量散失，尽可能保持一定的蒸汽压力以缩短再次启动的时间。

（3）紧急停炉。运行中锅炉发生重大事故，危及人身及设备的安全，需要立即停运锅炉。紧急停运后，需要马上进行检修，以消除故障，因此需要适当加快冷却速度。

17-7　锅炉停运后，热备用状态下汽包水位为何要维持高水位？

答：担任调峰任务的机组，在负荷低谷时要停止运行，负荷高峰时启动。为了启动需要，锅炉为热备用状态。

（1）热备用锅炉停炉时要维持高水位，这是因为机组停运后，炉水中汽泡减少，汽包水位明显下降，维持汽包高水位，可防止停炉后汽包水位降得太低。

（2）在热备用期间，锅炉蒸汽压力是逐渐降低的，如能维持高水位，使汽包内存水量大，可利用水所具有的较大热容量，减缓蒸汽压力的下降速度。

（3）维持汽包高水位，可以减小汽包蒸汽压力下降过程中汽包上，下壁的温差。

（4）根据启机时间要求，维持汽包高水位，可减少开机前的上水操作。

17-8　停炉后常用的保养方法有哪几种？

答：停炉后常用的保养方法如下。

（1）蒸汽压力法防腐。停炉备用时间不超过5天，可采用这一方法。

（2）给水溢流法防腐。停炉后转入备用或处理非承压部件缺陷，停用时间在30天左右，防腐期间应设专人监视与保持汽包压力在规定范围内，防止压力变化过大。

（3）氨液防腐。停炉备用时间较长，可采用这种方法。

（4）锅炉余热烘干法。此方法适用于锅炉检修期进行保护。

（5）干燥剂法。锅炉需长期备用时采用此法。

17-9　过热蒸汽温度过高、过低有什么危害？

答：过热蒸汽温度过高会造成如下危害。

（1）过热蒸汽温度过高，会使过热器管道、蒸汽管道、汽轮机高压部分等产生额外的热应力，加快金属材料的蠕变，因而缩短设备的使用寿命。

（2）当发生超温时，甚至会造成过热器爆管。因而蒸汽温度过高对设备的安全有很大的威胁。

过热蒸汽温度过低会导致如下危害。

(1) 过热蒸汽温度过低会使汽轮机最后几级的蒸汽湿度增加，对叶片的侵蚀作用加剧，严重时可能发生水冲击，威胁汽轮机的安全。

(2) 当压力低时，蒸汽温度降低，蒸汽的焓必然减少，因而蒸汽做功的能力减少，汽轮机的汽耗必然增加，因此蒸汽温度过低会使发电厂的经济性降低。

蒸汽温度允许波动范围一般不得超过额定值±5℃，对中压锅炉不得超过额定值±10℃。

17-10　为什么当压力超限、安全门拒动时应紧急停炉？

答：当压力超限、安全门拒动时应紧急停炉的原因如下。

(1) 锅炉设备是通过强度计算而确定选用钢材的，为了有效利用钢材，节省费用，所选的钢材安全系数都较低。

(2) 如压力超过安全门动作压力，安全门拒动，则锅炉内汽水压力将会超过金属所能承受的压力值，造成炉管爆破事故。

(3) 锅炉压力过高，汽轮机运行也不允许，因此必须紧急停炉。

17-11　发生锅炉事故的主要原因有哪些？

答：发生锅炉事故的主要原因如下。

(1) 人为责任。

1) 运行人员疏忽大意。

2) 操作技术水平低；不熟悉设备系统、误判断、误操作，扩大事故。

3) 不执行操作规程，违章作业，“二票三制”执行不严格。

(2) 设备缺陷和故障。

1) 设备老化。

2) 设备有缺陷、带缺陷运行。

3）设备维护不当，不定期检修或检修质量差。

4）备品管理混乱，错用材质和材料等。

17-12　在哪些情况下应特别监视水位？

答：在下列情况下应特别监视水位。

（1）汽轮机负荷大幅度地变化时。

（2）锅炉安全门动作或开启向空排汽门时。

（3）切换给水泵或给水泵故障时。

（4）锅炉排污或放水时。

17-13　蒸汽含杂质对机炉设备的安全运行有什么影响？

答：蒸汽含杂质过多，会引起过热器受热面、汽轮机通流部分和蒸汽管道沉积盐垢。盐垢如沉积在过热器受热面壁上，会使传热能力降低。重则使管壁温度超过金属允许的极限温度，导致管子超温烧坏；轻则使蒸汽吸热减少、过热蒸汽温度降低、排烟温度升高、锅炉效率降低。盐垢如沉积在汽轮机的通流部分，将使蒸汽的流通截面减小、叶片的粗糙度增加，甚至改变叶片的型线，使汽轮机的阻力增大、出力和效率降低；此外，将引起叶片应力和轴向推力增加，甚至引起汽轮机振动增大，造成汽轮机事故。盐垢如沉积在蒸汽管道的阀门处，可能引起阀门动作失灵和阀门漏汽。

17-14　当锅炉运行中出现虚假水位时应如何处理？

答：锅炉负荷突变、安全门动作等运行情况不正常时，都会产生虚假水位。

当负荷急剧增加而水位突然上升时，应明确：从蒸发量大于给水量这一平衡情况看，此时的水位现象是暂时的，切不可减小进水，待水位开始下降时，马上增加给水量，使其与蒸汽相适应，恢复正常水位。

当负荷上升的幅度较大、此时若不控制会引起满水时，先适当减少给水量；当水位刚有下降趋势时，加大给水量，否则会造成水位过低。

17-15　高温高压汽水管道或者阀门泄漏应该如何处理?

答：高温高压汽水管道或阀门泄漏，应做如下处理。

（1）应注意人身安全，在查明泄漏部位的过程中，应该特别小心谨慎，使用合适的工具，如长柄鸡毛帚等，同时禁止运行人员敲开保温层。

（2）高温高压汽水管道，阀门大量漏汽，响声特别大，运行人员应该根据声音大小和附近温度高低，保持一定的安全距离；同时，做好防止他人误入危险区的安全措施，按隔绝原则及早进行故障点的隔绝，无法隔绝时，请示上级要求停机。

17-16　锅炉严重满水时，为什么要紧急停炉?

答：锅炉严重满水指其水位已上升到极限。此时汽包内的蒸汽清洗装置已被水淹没；另外，减少了汽水在汽包的分离空间，造成蒸汽大量带水、蒸汽品质恶化、蒸汽含盐量增加。这部分蒸汽流经过热器会造成管壁结垢，影响传热。最终导致管壁超温烧。若是带水的蒸汽进入汽轮机，会导致汽轮机轴向推力增加、损坏推力瓦，同时还会使汽轮机叶片承受很大的冲击力，严重时会使汽轮机叶片折断。一般高温高压锅炉的蒸汽在主汽管的流速是40m/s左右，若锅炉满水，在极短的时间，带水蒸汽即进入汽轮机，严重威胁机组的安全。

锅炉严重满水则应紧急停炉，同时汽轮机紧急停机。

17-17　锅炉严重缺水时，为什么要紧急停炉?

答：因为锅炉水位计的零位一般都在汽包中心线下150～200mm处，从零位到极限水位的高度为200～250mm，汽包内径是定值，故当水位到极限水位时，汽包内储水量少。易在下降管内形成漩涡漏斗，大量汽水混合物会进入下降管，造成下降管内汽水密度减小、运行压头减小，破坏正常的水循环、造成个别水冷壁管发生循环停滞；若不紧急停炉会使水冷壁管发生循环停滞、使水冷壁过热，严重时会引起水冷壁大面积爆破，造成被迫停炉的严重后果。

锅炉严重缺水，应紧急停炉。

17-18　所有的汽包水位计损坏时为什么要紧急停炉？

答： 仪表是运行人员监视锅炉正常运行的重要工具，锅炉内部工况都依靠它来反应。当所有水位计都损坏时，水位的变化失去监视，调整失去依据。由于高温高压锅炉，汽包内储水呈相对较少，机组负荷和汽水损耗又随时变化，失去对水位的监视，就无法控制给水量。当锅炉在额定负荷下，给水大于或小于正常给水量的10%时，一般锅炉在几分钟就会造成严重满水或缺水。因此，当所有水位计损坏时，要求检修或热工人员立即修复，若时间来不及，为了避免对机炉设备造成严重损坏，应立即停炉。

17-19　锅炉正常运行中，炉管突然发生爆破，经降负荷和加强进水仍不能维护汽包水位正常时，为什么要紧急停炉？

答： 锅炉正常运行中，炉管突然发生爆破，经降负荷和加强进水仍不能维持汽包水位正常时，说明炉爆管面积大，如不立即停炉造成烧干锅，将引起更大的设备事故，同时还有下列危害。

（1）蒸汽充满整个炉膛和烟道，炉内温度降低。

（2）部分蒸汽冲刷炉管，使炉管损坏加剧。

（3）单元机组蒸汽压力会大幅下降，威胁汽轮机安全。

（4）炉管爆破面积大，蒸汽压力下降快，还会使汽包壁温差增大，造成汽包弯曲、变形。

17-20　汽蚀有哪些危害？如何防止汽蚀？

答： 汽蚀的危害如下。

（1）产生噪声和振动。

（2）过流部件汽蚀破坏。

（3）性能下降，破坏设备。

防止汽蚀的方法如下：

（1）对于汽轮机，要防止蒸汽带水。

（2）对各种泵，要保证泵的入口有足够的压力，使有效汽蚀余量大于必须汽蚀余量。

17-21　简述汽蚀的原理及防止措施。

答：汽蚀的原理：泵的入口是低压区，经泵的叶轮做功，使水的压力升高，当低压区有汽或气存在时，汽随水进入叶轮流道，在流道中压力升高，汽被压缩，会迅速凝结，原来所占空间压力突然降低，四周的水向此低下区高速移动，在极短时间内水流发出撞击，使局部压力瞬间升高，高达几百兆帕，使泵的叶轮材料受到侵蚀。由于产生压力波还伴有噪声、撞击和振动等现象，故不允许。

汽蚀的防止措施：由于循环泵入口的水是从汽包来的饱和水，只要入口区的压力低于汽包压力，此饱和水就发生汽化，使入口处存在蒸汽而易发生汽蚀，所以采用高且直径较大的下降管以减小流阻损失；同时，保证汽包液位不低于设计值，使泵的入口处压力大于汽包压力即可。

17-22　锅炉严重缺水后，为什么不能立即进水？

答：因为锅炉严重缺水后，此时水位已无法准确监视，如果已干锅，水冷壁可能过热、烧红，这时突然进水会造成水冷壁急剧冷却，炉水很快蒸发，蒸汽压力会突然升高，金属受到极大的热应力而炸裂。因此锅炉严重紧急停炉后，应经过技术主管单位研究分析、全面检查、摸清情况后，由总工程师决定上水时间，恢复水位后，重新点火。

17-23 水泵发生汽蚀有什么危害？

答：当水泵发生汽蚀时，会使材料的表面逐渐疲劳损坏，引起金属表面的腐蚀，进而出现小蜂窝状的蚀洞，除了冲击引起金属部件损坏外，对设备还会产生化学腐蚀。汽蚀过程是不稳定的，会使水泵发生振动产生噪声，同时汽蚀泡还会堵塞叶轮槽道，致使扬程和流量降低、效率下降。

17-24 泵汽蚀有什么危害性？怎样预防？

答：泵的入口区是低压区，经过泵的叶轮做功，使水的压力升高，当低压区有气或汽存在时，使水进入叶轮流道，在流道中的液体温度开始升高，汽被压缩，汽被迅速凝结，原汽或者气占有的空间压力突然降低，四周的水向此低压区高速移动，在极短时间内水流发生撞击，使局部压力瞬间升高，压力可以达到几百兆帕，使泵的叶轮材料受到侵蚀。由于产生压力波，还伴有噪声、撞击和振动等现象，振动会设备及法兰连接出破裂等。

防止泵汽蚀的措施关键是保证泵入口区域的压力大于汽化压力，这样就不会产生蒸汽。

17-25 泵组产生汽蚀的原因是什么？在什么情况下，锅炉高压循环泵容易产生汽蚀？

答：泵组产生汽蚀的原因是叶轮入口处压力低于工作水温的饱和压力，引起一部分液体蒸发（即汽化）。汽泡进入压力较高的区域时，受压突然凝结，于是四周的液体向此处补充，造成水力冲击，可使附近金属表面局部剥落，产生汽蚀。

在水泵进口处，由于吸水太高所形成的真空，以及叶轮高速旋转而往往使该处压力很低，为水的汽化提供了条件。当压力降低到水的汽化压力时，因汽化而形成的大量水蒸气汽泡，随着汽化的水流入叶轮内部高压区，汽泡在高压作用下在极短的时间内破裂，并重新凝结成水，汽泡周围的水迅速向破裂汽泡的中心集中而产生很大的冲击力。这种冲击力作用在水泵的壁上，就形成了对水泵的汽蚀。

17-26　简述确定水位计缺水的程序。

答：（1）缓慢打开汽包水位计放水门。

（2）关闭汽侧连通门。

（3）缓慢关闭放水门，观察水位计内是否有水位的出现，如果重新出现水位，是轻微缺水；如果不出现水位，是严重缺水。

（4）叫水后，开启汽侧连通门。恢复水位计的运行。

17-27　离心式水泵打不出水的原因、现象有哪些？

答：离心式水泵打不出水的原因如下：

（1）入口无水源或水位过低。

（2）启动前泵壳及进水管未灌满水。

（3）泵内有空气。

（4）进口滤网堵，进口伐芯脱落、堵塞。

（5）电动机反转，或叶轮侧的靠背轮脱开。

（6）出口阀未开，阀芯脱落。

当泵打不出水时，会发生电动机电流或出口压力不正常或大幅度摆动，泵壳内汽化、泵壳发热等现象。

17-28　锅炉启动过程中，汽包上、下壁温差是如何产生的？

答：锅炉启动过程中，汽包壁从工质吸热，温度逐渐升高。启动初期，锅炉水循环尚未正常建立，汽包中的水处于不流状态，对汽包壁的对流换热系数很小，即加热很缓慢。汽包上部与饱和蒸汽接触，在压力升高的过程中，靠近汽包壁的部分蒸汽将会凝结，对汽包壁金属凝放热，其对流换热系数要比下部的水高出多倍。当压力上升时，汽包的上壁能较快地接近对应压力下的饱和温度，而下壁则升温很慢。这样就形成了汽包上壁温度高、下壁温度低的状况。锅炉升压速度越快，上、下壁温差越大。

汽包上、下壁温差的存在，使汽包上壁受压缩应力、下壁受拉伸应力。温差越大，应力越大，严重时使汽包趋于拱背状变形。为此，规定汽包上、下壁允许温差为 40℃，最大不超过 50℃。

17-29 锅炉停炉过程中，汽包上、下壁温差是如何产生的？

答：锅炉停炉过程中，蒸汽压力逐渐降低，温度逐渐下降，汽包壁是靠内部工质的冷却而逐渐降温的，压力下降时，饱和温度也降低，与汽包上壁接触的是饱和蒸汽，受汽包壁的加热，形成一层微过热的蒸汽，其对流换热系数小，即对汽包壁的冷却效果很差，汽包壁温下降缓慢。与汽包下壁接触的是饱和水，在压力下降时，因饱和温度下降而自行汽化一部分蒸汽，使水很快达到新的压力下的饱和温度，其对流换热系数高，冷却效果好，汽包下壁能很快接近新的饱和温度。这样出现汽包上壁温度高于下壁的现象。压力越低，降压速度越快，温差就越明显。

17-30 简述紧急停炉的条件及操作步骤。

答：（1）紧急停炉的条件如下。

1）锅炉严重缺水或严重满水。

2）锅炉安全门及水位计全部失效。

3）锅炉汽水管道爆破，危急人身及设备安全。

4）省煤器或蒸发器受热面爆管，给水流量异常增大，难以维持正常的水循环。

5）锅炉刚梁构架、护板严重损坏。

6）压力超出安全阀动作压力，安全阀不动作，同时向空排汽门无法打开。

7）安全阀动作后不回座，压力下降，蒸汽温度低至极限值。

（2）紧急停炉的操作步骤如下。

1）立即切断热源输入，紧急停止燃气轮机运行，在燃气轮机就地控制室或中央控制室手拍紧急停机按钮停机；同时，进行汽轮机的紧急停机操作，防止由于温度突然下降而引起水击事故。

2）紧急停炉时应该严密监视各个部分的温度变化、水位变化、压力变化。

3）除汽水管道爆破不能维持汽包水位外，应特别注意维持汽包水位的稳定，防止由于负荷突然下降引起水位事故。

4）注意各处压力，防止安全门起座。

17-31　汽水共腾的现象有哪些？

答：汽水共腾的现象如下。

（1）汽包水位发生剧烈波动，各水位计指示摆动，就地水位计看不清水位。

（2）蒸汽温度急剧下降。

（3）严重时蒸汽管道内发生水冲击或法兰结合面向外冒汽。

（4）饱和蒸汽含盐量增加。

17-32　汽水共腾的处理项目有哪些？

答：汽水共腾的处理项目如下。

（1）降低锅炉蒸发量后保持稳定运行。

（2）开大连续排污门，加强定期排污。

（3）开启集汽联箱疏水门，通知汽轮机专业开启主闸门前疏水门。

（4）通知化学专业对炉水加强分析。

（5）水质未改善前应保持锅炉负荷的稳定。

17-33　简述如何控制汽包水位。

答：控制汽包水位，应掌握锅炉的汽、水平衡，树立水位“三冲量”（给水信号、蒸汽流量信号和汽包水位信号）的概念。给水与蒸汽流量的偏差，既是破坏水位的主要因素，也是调整水位的工具；掌握各负荷下给水量（蒸汽量）的大致数值。

在水位事故处理中需要汽轮机、燃气轮机负荷与水位控制的良好配合，尽量避免在水位异常时再叠加一个同趋势的虚假水位。如果掌握得好，在处理中可利用虚假水位，在原水位偏离方向上叠加一个趋势相反的虚假水位来减缓水位的变化趋势。

对操作中会出现的虚假水位及其程度应有一定的了解，并且事先采取措施，预防水位的过分波动。

17-34 锅炉水位事故有哪几种？

答：锅炉水位事故有缺水、满水、汽水共腾与泡沫共腾。

当水位低于规定最低水位，但水位计上仍有读数时为轻微缺水；当水位计上已无读数时，则为严重缺水。

汽水共腾是指当蒸发量瞬时增大，使汽包水位急剧变化或水位上升超过极限水位时，大量锅水被带入蒸汽空间，使机械携带大幅度增加的现象。

泡沫共腾是指当锅水中含有油脂、悬浮物或锅水含盐浓度过高时，蒸汽泡表面含有杂质而不易撕破，在汽包水面上产生大量泡沫，使汽包水位急剧升高并强烈波动的现象。泡沫共腾时饱和蒸汽带水量增大，蒸汽品质将恶化。

满水即汽包水侧、汽侧全是水，满水事故造成锅炉蒸汽带水现象严重，严重时会造成汽轮机叶片损坏及锅炉爆管等严重设备事故。

17-35 厂用电全部中断对锅炉侧应该如何进行处理？

答：厂用电全部中断对锅炉侧应该进行如下处理。

（1）注意监视汽包、除氧器的水位和压力变化，就地开启高压/低压联箱手动疏水阀。

（2）在 DCS 画面上将所有因失电而停运的泵等设备解列，解除连锁，防止突然来电出现意外情况。

（3）高/低压汽包压力过高可以手动摇开高压/低压联箱向空

排放电动门，同时利用对空排放电动门来调节汽包水位。

17-36 汽轮机负荷骤减或甩负荷时锅炉侧的现象、原因以及处理方法有哪些?

答：汽轮机负荷骤减或甩负荷时锅炉侧的现象如下。

（1）主蒸汽压力急剧升高。

（2）发出蒸汽压力高报警信号，严重时安全门动作。

（3）蒸汽流量急剧下降。

（4）汽包水位急剧下降后升高。

（5）高压旁路门快开，保护动作

汽轮机负荷骤减或甩负荷时锅炉侧的原因如下。

（1）电网系统故障。

（2）汽轮机或发电机故障跳闸。

（3）人员误操作。

汽轮机负荷骤减或甩负荷时锅炉侧的处理方法如下。

（1）立即打开对空排汽电动门，防止安全门动作，调节汽包水位和汽包压力。

（2）高、低压给水调节阀解除自动为手动控制，加强汽包水位、压力的监视。

（3）对于动作后的安全阀要进行全面检查，检查回座是否严密。如果压力下降后安全阀不回座，进行停炉处理。

17-37 安全门故障的现象、原因及处理方法有哪些?

答：安全门故障的现象如下。

（1）达到动作压力而安全门拒动。

（2）安全门起座后不回座。

（3）安全门泄漏。

安全门故障的原因如下。

（1）机械定值不正确。

（2）机械部分卡涩、锈死。

(3) 安全门卡板未取下。

安全门故障的处理方法如下。

(1) 安全门不起座的处理。

1) 立即开启向空排汽门，如必要，汽轮机开旁路，燃汽轮机降负荷。

2) 通知检修迅速处理。

3) 当压力快速上升无法控制时，应该立即停炉。

(2) 安全门起座后不回座的处理。

1) 降低燃气轮机负荷，降低汽包压力，使安全门回座。

2) 通知检修人员到现场处理。

3) 若汽压降低后，安全门仍拒动，可请求进行停炉处理。

4) 在处理过程中，应注意调节汽包水位、蒸汽温度，监视汽包上、下壁温差。

(3) 安全门泄漏的处理。

1) 通告检修人员到现场进行检查处理。

2) 泄漏过大、无法处理时，请求进行停炉处理。

17-38　水位计汽水连通管发生堵塞或汽水门泄漏，对水位计的指示有何影响？

答：运行过程中，当水位计的汽连通管堵塞时，由于蒸汽进不到水位计内，原有的蒸汽凝结，使水位计的上部空间形成局部真空，水位指示很快上升；当水连通管发生堵塞时，由于水位计中的水不能回到汽包内，水位计上部蒸汽凝结的水，在水位计中积聚，从而使水位缓慢上升。

水位计连通管或汽水旋塞门泄漏、堵塞时，会造成水位计指示不正确，形成假水位。汽侧泄漏、将会使水位指示偏高；水侧泄漏，将会使水位偏低。

17-39　锅炉水位异常有哪些害处？

答：锅炉水位异常的害处如下。

（1）水位过高，蒸汽空间高度减小，蒸汽带水量增加，使蒸汽品质恶化，容易造成管壁结垢，使管子过热烧坏。

（2）汽包严重满水时，会造成蒸汽大量带水，过热蒸汽温度急剧下降，引起主蒸汽管道和汽轮机严重水冲击，损坏汽轮机叶片和推力瓦。

（3）水位过低，会破坏锅炉的水循环，对运行的蒸发器等设备造成不安全。

（4）若严重缺水，容易造成炉管爆破。

17-40　高（低）压给水泵的隔离步骤有哪些？为什么隔离热备用状态下的高压给水泵时应该先关出口手动阀？

答：当运行时运行泵故障或检修要求需要做隔离时，需要做相关隔离措施，其隔离步骤如下。

（1）确认隔离泵已停运，并解除相关连锁，解除自动位。

（2）关闭泵体的出口手动阀。

（3）关闭泵体的入口手动阀（在关闭入口手动阀门的过程中，应密切注意泵内压力不升高，否则不能关闭入口手动阀）。

（4）关闭最小流量手动阀。

（5）打开泵体进、出口放水门，进行泄压放水。

隔离热备用状态下的高压给水泵时应该先关出口阀的原因如下。

（1）处于热备用状态下的给水泵，隔离检修时，如果先关闭入口手动阀，若给水泵出口止回门不严，泵内压力会升高。

（2）由于给水泵法兰及进水侧的管道都不是承受高压的设备，将会造成设备损坏，所以在给水泵隔绝检修时，必须先切断高压水源，最后再关闭给水泵进水门。

17-41　高（低）压给水泵在运行时切换应注意哪些事项？切换过程中出口止回门关不严的现象有哪些？应如何处理？

答：（1）高（低）压给水泵在运行时切换应注意的事项

如下。

1）任何泵体在切换前应该在现场指派工作人员，确认备用泵备用良好，并与主控保持顺畅沟通。

2）切换泵体后，就地应报告泵体运行情况，在运行正常情况下，电流和出口压力稳定可停运主泵运行。

3）切换结束后，检查运行泵的电流和出口压力应正常。就地检查停运泵是否倒转。

（2）切换过程中，出口止回门关不严的现象如下。

1）出口母管压力降低。

2）出口母管流量降低。

3）运行泵电流明显增大。

4）就地停运泵倒转。

（3）高（低）压给水泵在运行时切换过程中出口止回门关不严的处理措施如下。

泵发生倒转时，应尽快关闭泵的出口阀，使转子静止，禁止在出口门未关严情况下关闭进口门，防止泵入口侧超压。给水泵倒转不能关闭入口门，就是防止高压水冲击低压管道，损坏入口门与泵体之间的低压部件。

17-42 燃气轮机负荷变化时，锅炉汽包水位的变化原因是什么？

答：燃气轮机负荷变化引起锅炉汽包水位变化的原因如下。

（1）给水量与蒸发量的平衡关系被破坏。

（2）负荷变化必然引起压力变化，从而使工质的比容变化，最终影响水位变化。

17-43 如何判断锅炉“四管”泄漏？

答：判断锅炉“四管”泄漏的方法如下。

（1）仪表分析。根据给水、凝结水、蒸汽流量，烟道各段烟气温度，各部汽温、壁温，省煤器出口水温，减温水流量的变化进行综合分析。

（2）就地巡回检查。泄漏处有不正常的响声，有时有汽水外冒。

（3）锅炉烟气量增加，烟囱冒白烟。

（4）汽轮机负荷下降。

第十八章

余热锅炉汽水系统故障解析

18-1　水处理的过滤设备（如压力式过滤器）检修，运行人员应做哪些措施?

答：检修人员提出热力机械工作票，按照检修设备的范围，将要检修的设备退出运行，关闭过滤设备的入口门，打开底部放水门，将水放尽。关闭操作本过滤器的操作用气总门，盘上有关操作阀，就地挂警示牌。

18-2　为什么要对蒸汽进行取样分析?

答：为了防止蒸汽通流部分特别是汽轮机内积盐，必须对锅炉产生的蒸汽品质进行监督，对汽包锅炉饱和蒸汽和过热蒸汽品质都应进行监督，以便检查蒸汽品质劣化的原因。

18-3　如何获得清洁的蒸汽?

答：为了获得清洁的蒸汽，应减少炉水中杂质的含量，还应设法减少蒸汽的带水量和降低杂质在蒸汽中的溶解量。为此，应减少进入锅炉水中的杂质量，进行锅炉排污；采用适当的汽包内部装置；调整锅炉的运行工况。

18-4　为什么必须要洗硅?

答：所谓洗硅就是在某一压力下开始，蒸汽压力由低逐渐提高，将锅炉在不同的压力级维持一定的时间，使炉水硅含量符合相应压力下的允许值，此时，通过锅炉排污，使炉水中的含硅量控制在该压力级的允许范围以内，直至蒸汽中 SiO_2 含量合格之后，再向高一级递升，这样，就使水汽系统中残留的硅含量，逐步通过排污而加以清除，以致不使汽轮机中叶片上沉积硅垢。

18-5　进行锅内处理时，磷酸盐加入量过多或过少会产生哪些不良影响?

答:（1）进行锅内处理时，磷酸盐加入量过多会产生如下危害。

1）药品消耗量增加，使生产成本提高，造成浪费。

2）增加锅炉水的含盐量、碱度等，影响蒸汽品质。

3）有生成易黏附水渣 Mg_3（PO4）$_2$ 的可能，这种水渣会转化成导热性很差的松软水垢。

4）当锅炉水中含铁量较大时，有生成磷酸盐铁垢的可能。

5）容易发生“盐类暂时消失”现象。

（2）磷酸盐加入量过少会产生下列危害。

1）不能防止锅炉内产生钙、镁水垢。

2）锅炉水 pH 值低，易使蒸汽含硅量增加。

18-6　何谓“盐类暂时消失”现象？有什么危害?

答:“盐类暂时消失”现象，是指盐类在炉管内壁析出而使炉水磷酸盐浓度下降。当锅炉蒸发量降低或停运时，这些沉积的盐类再次溶解于炉水中。其危害是与其他沉积物一样，均会引起管壁温度高而导致爆管，同时，还会使炉管内壁炉水中产生游离氢氧化钠（NaOH），发生局部浓缩，破坏炉管内表面的磁性氧化铁保护膜，导致炉管的碱性腐蚀。

18-7　易溶盐盐类“隐藏”现象的实质是什么?

答: 在锅炉负荷增高时，锅炉水中某些易溶钠盐有一部分从水中析出，沉积在炉管管壁上，结果使它们在炉水中浓度降低。而在锅炉负荷减少时或停炉时，沉积在炉管管壁上的钠盐又被溶解下来，使它们在炉水中的浓度重新增高。由此可知，出现盐类

“隐藏”现象时，在某些炉管管壁上必然有易溶盐的附着物形成，这些附着物的危害，与水垢相似。

18-8　炉水在用磷酸盐处理时，在保证 pH 值的情况下，为什么要进行低磷酸盐处理？

答： 由于磷酸盐在高温炉水中溶解度降低，对于高压及以上参数的汽包炉采用磷酸盐处理时，在负荷波动工况下容易沉淀析出，发生“盐类暂时消失现象”，破坏炉管表面氧化膜，腐蚀炉管。降低炉水的磷酸盐浓度，可以避免这种消失现象发生，减缓由此带来的腐蚀。所以在保证炉水 pH 值的情况下，要采用低磷酸盐处理。

18-9　为什么虽然进入锅炉的水都是经过除氧的，炉水的 pH 值也常常比较高，但仍然会发生腐蚀？

答： 锅炉运行时，锅内水汽的温度和压力比较高或很高，炉管管壁温度很高，设备各部分的应力很大，而且由于给水中杂质在锅炉内发生浓缩和析出，在锅内常集积有沉积物，这些因素都会促进腐蚀，并使腐蚀问题复杂化。因此，虽然进入锅炉的水都是经过除氧的，炉水的 pH 值也常常比较高，但仍然会发生腐蚀。

18-10　锅炉水汽系统中可能发生的腐蚀类型主要有哪几种？

答： 锅炉水汽系统中可能发生的腐蚀类型主要有如下 4 种。

（1）氧腐蚀。

（2）沉积物下腐蚀。

（3）水蒸气腐蚀。

（4）应力腐蚀。

18-11　炉水处理的目的什么？

答： 炉水处理的目的如下。

（1）除去进入炉水中的残余有害杂质，如钙、镁、硅化合物等，辅助完成炉外处理未解决的工作。

（2）对炉水的杂质成分进行调整控制，从而控制沉积物腐蚀和改善蒸汽品质。

18-12 简述给水加联氨的原理和目的。

答：（1）给水加联氨的原理：

联氨是一种还原剂，特别是在碱性溶液中，它是一种很强的还原剂，它可将水中的溶解氧彻底还原，反应式为

$$N_2H_4 + O_2 = N_2 + 2H_2O$$

反应产物是 N_2 和 H_2O，对火力发电厂热力设备及系统的运行没有任何害处。

（2）给水加联氨的目的：

联氨在高温下还能将 CuO 和 Fe_2O_3 氧化物还原成 Cu 或 Fe 或其低价氧化物，从而防止了二次腐蚀。

18-13 锅炉给水监督项目有哪些？为什么监督这些项目？

答：锅炉给水主要监督项目有硬度、溶解氧、pH 值、铁和铜等。

（1）硬度。为了防止热力设备及系统产生钙、镁水垢。

（2）溶解氧。为了防止给水系统及锅炉设备发生氧腐蚀。

（3）pH 值。为了防止给水系统的二氧化碳腐蚀和氧腐蚀。

（4）铁和铜。为了防止锅炉炉管中产生铁垢和铜垢。

18-14 蒸汽的监督项目有哪些？为什么要监督这些项目？

答：蒸汽的监督项目主要有含钠量和含硅量两项。

监督含钠量是因为蒸汽中的盐类主要是钠盐，所以蒸汽中的含钠量可以表征蒸汽含盐量的多少。

监督含硅量是因为蒸汽中的硅酸会沉积在汽轮机内，形成难溶于水的二氧化硅附着物，对汽轮机的安全经济运行有着较大的影响。

18-15　锅炉水的监督项目有哪些？为什么要监督这些项目？

答：锅炉水主要监督项目磷酸根、pH 值和含盐量（或含硅量）等。

（1）磷酸根。为了防止锅炉内产生钙垢，锅炉水中应维持一定量的磷酸根，磷酸根量不能太少或过多。

（2）pH 值。锅炉水的 pH 值应维持在 9～11 之间，主要原因是避免锅炉钢材的腐蚀；保证磷酸根与钙离子反应生成碱式磷酸钙水渣；抑制锅炉水中硅酸盐水解生成硅酸，减少硅酸在蒸汽中的溶解携带。

（3）含盐量（或含硅量）。控制锅炉水中含盐量（或含硅量）是为了防止锅炉结垢，保证蒸汽质量良好。

18-16　在水、汽监督中，发现水质异常，应首先查明什么？

答：在水、汽监督中，发现水质异常，应首先查明的项目如下。

（1）检查所取的样品正确无误。

（2）检查所用仪器、试剂、分析方法等完全正确，计算无差错。

（3）检查有关在线表指示是否正常。

18-17　进行水汽质量试验时，若发现水质异常，应首先查明哪些情况？

答：进行水汽质量试验时，若发现水质异常，应首先查明的项目如下。

（1）取样器不泄漏，所取样品正确。

（2）分析所用仪器、试剂、分析方法等完全正确，计算无差错。

（3）有关表计指示正常，设备运行无异常。

18-18　给水含钠量（或电导率）、含硅量、碱度不合格的原因及处理方法有哪些？

答：（1）给水含钠量（或电导率）、含硅量、碱度不合格的原因如下。

1）组成给水的凝结水、补给水、疏水或生产返回水的含钠量（或电导率）、含硅量、碱度不合格。

2）锅炉连续排污扩容器送出的蒸汽严重带水（此蒸汽通向除氧器时）。

（2）给水含纳量（或电导率）、含硅量、碱度不合格的处理方法如下。

1）查明不合格的水源，并采取措施使此水源水质合格或减少其使用量。

2）调整连续排污扩容器的运行。

18-19　简述炉水 SiO_2 超标的原因及处理方法。

答：（1）炉水 SiO_2 超标的原因如下。

1）给水 SiO_2 含量超标。

2）锅炉排污不足。

3）机组启动时，管道冲洗不干净。

（2）炉水 SiO_2 超标的处理方法如下。

1）降低给水 SiO_2 含量，保证给水品质。

2）加强锅炉排污。

3）机组启动时，及时冲洗管道并做好监测工作。

18-20　简述炉水磷酸根不合格的原因及处理方法。

答：（1）炉水磷酸根不合格的原因如下。

1）加药量不合适。

2）加药设备缺陷。

3）冬季加药管冻结，堵塞管路。

4）负荷剧烈变化。

5）排污系统故障。

6）给水品质劣化。

7）药液浓度不合适。

8）凝汽器泄漏。

（2）炉水磷酸根不合格的处理方法如下。

1）调整加药泵输出量。

2）联系检修人员处理。

3）通知检修人员处理，加装保温层。

4）根据负荷变化，调整加药量。

5）联系检修人员消除系统故障。

6）调整炉内加药，加强排污，查找原因并进行处理。

7）调整药液浓度。

8）查漏、堵漏。

18-21 给水溶解氧不合格的原因有哪些？

答：给水溶解氧不合格的原因如下。

（1）除氧器运行参数不正常。

（2）除氧器入口水含氧量过大。

（3）除氧器内部装置有缺陷。

（4）补水量太大，负荷变动较大。

（5）排汽门开度不合适。

18-22 当汽包炉给水劣化时，应如何处理？

答：当汽包炉给水劣化时，应首先倒换或少用减温水，以免污染蒸汽，查明给水劣化的原因，给水劣化的原因一般是给水补水、凝结水、生产返回水、机组疏水产生的杂质，出现硬度异常属于凝汽器泄漏或生产返回水污脏，凝汽器泄漏必须堵漏，才能保证给水水质。如生产返回水的污染量较大，可以停用；如溶解氧不合格，属于除氧器运行工况不佳，可以通过调整排汽量进行处理，除氧器的缺陷需检修处理；如给水的 pH 值偏低，需检查补水水质是否正常，给水加药是否正常。一般厂内的给水组成比较稳定，对于一些疏水作为给水时，必须查定其符合给水水质的要求，才能允许作为给水。

18-23　简述机组启动阶段的化学监督项目。

答：机组启动阶段的化学监督项目如下。

（1）锅炉上水时，应通知司炉人员打开各进药一次门和各水样取样一次门，化水运行人员启动各加药泵。

（2）锅炉启动点火前，集控室通知化学技术监督人员监测给水，给水品质要符合点火要求，如水质异常则调整加药量，通知中控量加强给水排污；当给水质量符合启动标准时，汇报值长。

（3）汽轮机冲转前，有蒸汽样时，集控室通知化学技术监督人员，化学技术监督人员开蒸汽取样架排污阀，排污 10min 后关蒸汽排污，转入人工取样并按时进行取样分析，蒸汽质量符合冲转标准时，汇报值长。

（4）当凝结水有水样时，应取样化验凝结水质量，水质符合回收标准后汇报值长。

（5）及时对各水样进行人工化验，根据机组水质情况调整加药泵行程，加强水质监督工作，发现炉水浑浊或各项水质较差时，通知司炉人员加强排污。直到出水清澈且水质合格后，才投入汽水取样装置化学在线仪表。

（6）机组启动初期，加强锅炉排污，使汽水质量尽快合格。

18-24　离子交换器在运行过程中，工作交换能力降低的主要原因有哪些？

答：离子交换器在运行过程中，工作交换能力降低的主要原因有以下几个方面。

（1）新树脂开始投入运行时，工作交换容量较高，随着运行时间的增加，工作交换容量逐渐降低，经过一段时间后，可趋于稳定。

（2）交换剂颗粒表面被悬浮物污染，甚至发生黏结。

（3）原水中含有 Fe^{2+}、Fe^{3+}、Mn^{2+} 等离子，使交换剂中毒，颜色变深。

（4）再生剂剂量小，再生不够充分。

（5）运行流速过大。

（6）枯水季节原水中的含盐量、硬度过大。

（7）树脂层太低或树脂逐渐减少。

（8）再生剂质量低劣，含杂质太多。

（9）配水装置、排水装置、再生液分配装置堵塞或损坏，引起偏流。

（10）离子交换器反洗时，反洗强度不够，树脂层中积留较多的悬浮物，与树脂黏结一起，形成泥球或泥饼，使水偏流。

18-25　水的 pH 值对阴离子交换器除硅有何影响？

答：水的 pH 值大小对除硅效果有直接影响。

水的 pH 值低易于除硅，因为此时水中硅以硅酸形式存在，离子交换反应式为

$$R\text{—}OH + H_2SiO_3 \longrightarrow R\text{—}HSiO_3 + H_2O$$

水的 pH 值高不易于除硅，因为 pH 值高，水中硅以硅酸盐形式存在，易生成反离子 OH^-，反离子 OH^- 浓度越高，它所起的阻碍除硅作用也越大，反应式为

$$R\text{—}OH + NaHSiO_3 \longrightarrow R - HSiO_3 + NaOH$$

因为该化学反应的逆反应速度远远大于正反应速度，所以，水中 $HSiO_3^-$ 含量就大。

18-26　为什么除盐系统中要装设除碳器？除碳器除碳效果的好坏对除盐水质量有何影响？

答：原水中一般都含有大量的碳酸盐，经阳离子交换器后，水的 pH 值一般都小于 4.5，碳酸可全部分解为 H_2O 和 CO_2，

CO_2 经除碳器可基本除尽，这就减少了进入阴离子交换器的阴离子总量，从而减轻了阴离子交换器的负担，使阴离子交换树脂的交换容量得以充分利用，延长了阴离子交换器的运行周期，降低了碱耗；同时，CO_2 被除尽，阴离子交换树脂能较彻底地除去硅酸，原因是 CO_2 及 $HSiO_3^-$ 同时存在水中，在离子交换过程中，CO_2 与 H_2O 反应，能生成 HCO_3^-，HCO_3^- 影响了树脂对 $HSiO_3^-$ 的吸附交换，妨碍了硅酸的彻底去除。

除碳效果不好，水中残留的 CO_2 量大，生成的 HCO_3^- 量就多，不但影响阴离子交换器除硅效果，也可使除盐水含硅量和含盐量增加。

18-27　水处理设备的防腐措施有哪些？

答：水处理设备的防腐措施如下。

（1）采用橡胶衬里。即把橡胶板按衬里的工艺要求衬贴在设备和管道的内壁上，例如，固定式阳、阴离子交换器内壁，除盐水母管内壁等均可采用橡胶衬里。

（2）采用玻璃钢制品或玻璃钢衬里。其成型方法一般可分为手糊法（衬里的主要成型方法）、模压法、缠绕法等。在一定的条件下（温度时间、压力等）玻璃纤维浸透树脂，树脂固化，形成整体衬里玻璃钢或制品。玻璃钢的工艺性能好，成型工艺简单，适宜在现场进行安装。同时玻璃钢有良好的耐腐蚀性能，例如，酸、碱槽，酸、碱计量箱等，都可采用玻璃钢制品或玻璃钢衬里。

（3）采用环氧树脂涂料。环氧树脂涂料是用环氧树脂、有机溶剂、增塑剂、填料等配制的，在使用时，再加入一定量的固化剂，立即涂抹在防腐设备或管道的内、外壁上。其优点是有良好的耐腐蚀性能，与金属和非金属有极好的附着力。例如，涂在酸碱管的外壁、酸碱系统的接头处或筒体的内外壁等。

（4）采用聚氯乙烯塑料。聚氯乙烯塑料能耐大部分酸、碱、盐类溶液的腐蚀（除浓硝酸、发烟硫酸等强氧化剂外），一般采用焊接，焊接工艺简单，又有一定的机械强度，可用作酸、碱的输送管道。

（5）采用工程塑料。工程塑料能承受一定的外力作用，在高低温下仍能保持其优良性能。其耐腐蚀性能、耐磨性能、润滑性能、电气性能良好。此类塑料有聚砜塑料、氟塑料等。

另外，水处理设备中还常常使用不锈钢制作交换器的中排装置、过滤器的疏水装置等。目前，还出现了一些用新型材料制作的防腐管道，如浸塑管道等。

18-28　离子交换器在运行过程中，树脂工作交换能力降低的主要原因是什么？

答：新树脂开始投入运行时，工作交换容量较高，随着运行时间的增加，工作交换容量逐渐降低，经过一段时间后，可趋于稳定。出现以下情况时，可导致树脂工作交换能力降低。

（1）交换剂颗粒表面被悬浮物污染，甚至发生黏结。

（2）原水中含有 Fe^{2+}、Fe^{3+}、Mn^{2+} 等离子，使交换剂中毒，颜色变深。长期得不到彻底处理。

（3）再生剂剂量小，再生不够充分。

（4）运行流速过大。

（5）树脂层太低或树脂逐渐减少。

（6）再生剂质量低劣，含杂质太多。

（7）配水装置、排水装置、再生液分配装置堵塞或损坏，引起偏流。

（8）离子交换器反洗时，反洗强度不够，树脂层中积留较多的悬浮物，与树脂黏结在一起，形成泥球或泥饼，使水偏流。

18-29　试述离子交换器运行周期短的原因。

答：离子交换器运行周期短的原因如下。

（1）离子交换器未经调整试验，使再生剂用量不足、浓度过小、再生流速过低或过高。

（2）树脂被悬浮物玷污或树脂受金属、有机物污染。

（3）树脂流失，树脂层高度不够。

（4）由于疏水系统的缺陷造成水流不均匀。

（5）反洗强度不够或反洗不完全。

（6）正洗时间过长、水量较大。

（7）树脂层中有空气。

（8）中排装置缺陷，再生液分配不均匀。

（9）再生药剂质量问题。

（10）逆流再生床压实层不足。

18-30　金属腐蚀的形式有几类？它们各有何特点？

答：金属腐蚀破坏的基本形式可分为两大类，即全面腐蚀和局部腐蚀。其特点如下。

（1）全面腐蚀。在腐蚀性介质作用下，金属表面全部或大部分遭到腐蚀破坏的称为全面腐蚀。全面腐蚀又可分为均匀的全面腐蚀和不均匀的全面腐蚀两种。均匀的全面腐蚀即金属的整个表面以大体均匀的速度被腐蚀；不均匀的全面腐蚀即金属表面各个部分，以不同的速度被腐蚀。

（2）局部腐蚀。金属表面只有部分发生腐蚀破坏的称局部腐蚀。

18-31　局部腐蚀的形式有几种？各有何特点？

答：局部腐蚀的形式有斑痕腐蚀、溃疡腐蚀、点状腐蚀、晶间腐蚀、穿晶腐蚀和选择性腐蚀六种。其特点如下。

（1）斑痕腐蚀。形状不规则，分散在金属表面的个别部位，深度不大，但所占的面积较大。

（2）溃疡腐蚀。又称坑陷腐蚀，腐蚀处呈明显边缘和稍深的陷坑，腐蚀集中在较小的面积上。

（3）点状腐蚀。又称孔洞腐蚀，这种腐蚀与溃疡腐蚀相似，只是面积小，深度较大，直至穿孔。

（4）晶间腐蚀。这种腐蚀沿金属晶体的边界发展，形成金属晶间裂缝，使金属的机械性能降低，在金属没有发生显著变形时，就造成了严重破坏。

（5）穿晶腐蚀。腐蚀裂缝穿过金属的晶粒，对金属的破坏性较大。

（6）选择性腐蚀。合金中的某一成分受到破坏，致使合金的强度和韧性显著降低。

18-32　停炉保护方法的基本原则是什么？

答：停炉保护方法的基本原则如下。

（1）保持停用锅炉水、汽系统金属表面的干燥，防止空气进入，维持停用设备内部的相对湿度小于20%。

（2）在金属表面造成具有防腐蚀作用的钝化膜。

（3）使金属表面浸泡在含有除氧剂或其他保护剂的水溶液中。

18-33　热力设备停用保护的必要性是什么？

答：热力设备停用保护是为了防止以下两个方面的停用腐蚀。

（1）短期内使停用设备金属表面遭到大面积破坏。

（2）加剧热力设备运行时的腐蚀。热力设备运行时，停用腐蚀的产物进入锅炉内，使锅炉内介质浓缩，腐蚀速度增加。同时，停用腐蚀的部位往往有腐蚀产物，表面粗糙不平，保护膜被破坏，成为腐蚀电池的阳极。停机腐蚀的部位可能成为汽轮机应力腐蚀破裂或腐蚀疲劳裂纹的起始点。

18-34　饱和蒸汽溶解携带杂质有何规律？

答：饱和蒸汽溶解携带杂质有以下规律。

（1）饱和蒸汽溶解携带杂质的能力与锅炉压力有关。压力越大，溶解携带能力越强。

（2）饱和蒸汽溶解携带杂质有选择性。饱和蒸汽对于各种物质的溶解能力不同，如锅炉水中常见的物质，按其在饱和蒸汽中溶解能力的大小，可分为三大类：第一类为硅酸（H_2SiO_2、$H_2Si_2O_3$、H_4SiO_4 等），溶解能力最大；第二类为 NaCl、NaOH 等，溶解能力较硅酸低得多；第三类为 Na_2SO_4、Na_3PO_4 和 Na_2SiO_3 等，在饱和蒸汽中很难溶解。

（3）溶解携带量随压力的升高而增大。因为随着饱和蒸汽压力的升高，蒸汽密度也随之增大，各种物质在其中的溶解量也增大。

（4）饱和蒸汽对硅化合物的溶解携带特性。锅炉水中的硅化合物状态分为溶解态硅酸盐和溶液态硅酸，饱和蒸汽溶解携带的主要是溶液态硅酸，对硅酸盐的溶解能力很小。

18-35 饱和蒸汽所携带的各种杂质在过热器内的沉积情况如何？盐类物质在过热器内的沉积情况如何？

答：饱和蒸汽所携带的各种杂质在过热器内的沉积情况如下。

（1）Na_2SO_4 和 Na_3PO_4。温度越高，这些杂质的溶解度越小，因此 Na_2SO_4 和 Na_3PO_4 沉积在过热器中（或以固态微粒被蒸汽带往汽轮机）。

（2）NaOH。温度越高，溶解度越大，因此 NaOH 呈浓液滴带往汽轮机。但 NaOH 浓液滴也去黏附在过热器管壁上，与 CO_2 作用生成 Na_2CO_3 而沉积在过热器中。

（3）NaCl。压力大于 9.8MPa 时，NaCl 的溶解度很大，常溶解在过热蒸汽中带往汽轮机。

（4）H_2SiO_3 或 H_4SiO_4。两者失水变为 SiO_2，SiO_2 在过热蒸汽中溶解度很大，一般都带往汽轮机。

因此，盐类物质在过热器内的沉积情况如下：

（1）中、低压锅炉过热器内的沉积物主要是钠的化合物（Na_2SO_4、Na_3PO_4、Na_2CO_3 和 NaCl 等）。

(2) 高压锅炉过热器内的沉积物主要是 Na_2SO_4 和 Na_3PO_4，其他钠盐含量很少。

(3) 超高压锅炉过热器内的盐类沉积物量很少。

18-36 为了获得清洁的蒸汽，应采取哪些具体措施?

答：为了获得清洁的蒸汽，必须采取如下措施：

(1) 尽量减少进入炉水中的杂质。具体措施如下。

1) 提高补给水质量。

2) 降低补给水率。

3) 防止给水系统的腐蚀。

4) 及时地对锅炉进行化学清洗。

(2) 加强锅炉的排污。做好连续排污和定期排污工作。

(3) 改进汽包内部装置。包括改进汽水分离装置和蒸汽清洗装置。

(4) 调整锅炉的运行工况。包括调整好锅炉负荷、汽包水位、饱和蒸汽的压力和温度、避免运行参数的变化速率太大，降低锅炉水的含盐量等。

18-37 什么是汽、水系统的查定?

答：汽、水系统的查定是通过对全厂各种汽、水的 Cu、Fe 含量，以及与 Cu、Fe 有关的各项目（pH 值、CO_2、NH_3、O_2 等）的全面查定试验，找出汽、水系统中腐蚀产物的分布情况，了解其产生的原因，从而针对问题，采取措施，以减缓和消除汽、水系统中的腐蚀。系统查定可分为定期查定和不定期查定两种。

(1) 定期查定。按照规定的时间对汽、水系统进行普查，掌握整个汽、水系统的水质情况，定期的查定可以及时发现问题。

(2) 不定期的查定。当汽、水系统发现问题时进行跟踪查定，可以是系统的某一部分或针对某一变化的因素进行查定，往往连续进行一段时间，必须提前定出计划，组织好人力。

18-38　余热锅炉为什么要进行化学清洗?

答: 新炉在安装或制造过程中，锅炉内存有大量杂质，如氧化皮、腐蚀产物、焊渣以及设备出厂时涂覆的防护剂（油脂类物质）等各种附着物，还有砂子、水泥和保温材料的碎渣等，如不经过化学清洗除掉，锅炉投运后会产生下列危害。

（1）直接妨碍炉管管壁的传热或者导致水垢的生成，使炉管过热而损坏。

（2）促进锅炉运行中产生沉积物下腐蚀，以致使炉管变薄、穿孔，甚至引起爆管。

（3）在炉内水中形成碎片和水渣，严重时引起炉管堵塞或破坏正常的水、汽循环工况。

（4）使锅炉炉水的含硅量等水质指标长期达不到标准，以至蒸汽品质不良，危害汽轮机的正常运行。

对运行锅炉进行化学清洗是为了除掉锅炉运行过程中生成的水垢、金属腐蚀产物等沉积物，避免锅内沉积物过多面，影响锅炉的安全运行。

18-39　如何在机组运行中，保持较好的蒸汽品质?

答: 在机组运行中，保持较好的蒸汽品质的方法如下。

（1）尽量减少锅炉水中的杂质。具体措施有：

1）提高补给水质量。

2）减少凝汽器泄漏，及时堵漏，降低凝汽器含氧量。

3）防止给水系统的腐蚀。

4）及时对锅炉进行化学清洗。

（2）加强锅炉的排污。做好连续排污和定期排污工作。

（3）加强饱和蒸汽各点含钠量的监督，及时判断汽包内部装置是否发生缺陷，改进汽包内部装置，包括改进汽水分离装置和蒸汽清洗装置。

（4）调整锅炉的运行工况。包括调整好锅炉负荷、汽包水位、饱和蒸汽的压力和温度，避免运行参数的变化速率太大，降低锅炉水的含盐量等。

18-40 怎样防止给水系统的腐蚀?

答: 给水系统腐蚀的主要因素是水中的氧和二氧化碳。因此防止给水系统的腐蚀应从消除水中氧和二氧化碳着手，目前，各电厂主要采取以下措施。

(1) 给水除氧。主要采用热力除氧，即用蒸汽加热的方法，把水加热到相应压力下的沸点，使水中的溶解氧解析出来。同时辅之以化学除氧，即向水中加入联氨，以彻底消除水中的残留氧。

(2) 给水加氨处理。利用氨溶于水产生的碱性，提高、调整给水的 pH 值，并控制其在 8.8～9.3 之间，使金属表面生成稳定的保护膜，从而阻止了腐蚀性介质对给水系统金属的腐蚀。另外，利用氨的挥发性，可使凝结水的 pH 值大于 8，防止了凝结水系统的二氧化碳腐蚀。

(3) 降低补给水的碳酸盐碱度。一般可采用水的 H—Na 软化、软化水加酸和化学除盐等，使水中碳酸盐碱度降至 0.01m mol/L 以下。

18-41 氧化铁垢的形成原因是什么？其特点是什么?

答: 氧化铁垢是目前火力发电厂锅炉水冷壁管中最常见的一种水垢。它的形成原因为锅炉受热面局部热负荷过高、锅炉水中含铁量较大、锅炉水循环不良、金属表面腐蚀产物较多等。

氧化铁垢一般呈贝壳状，有的呈鳞片状凸起物，垢层表面为褐色，内部和底部是黑色或灰色。垢层剥落后，金属表面有少量的白色物质，这些白色物质主要是硅、钙、镁和磷酸盐的化合物，有的垢中还含有少量的氢氧化钠。氧化铁垢的最大特点是垢层下的金属表面受到不同程度的腐蚀损坏，从产生麻点、溃疡直到穿孔。

18-42　怎样预防锅炉产生氧化铁垢？

答：预防锅炉产生氧化铁垢应从以下几个方面着手。

（1）对新安装的锅炉必须进行化学清洗。清除锅炉设备内的轧皮、焊渣及腐蚀产物等杂质。

（2）尽量减少给水的含氧量和含铁量。

（3）改进锅炉内的加药处理，加强锅炉排污。

（4）在机组启动时，严格监督锅炉水循环系统中的水质，如加强排水、换水等工作。

（5）做好设备停用或检修期间的防腐工作。

此外，在锅炉结构和运行方面，应避免受热面金属局部热负荷过高，以保持锅炉在运行中正常的燃烧工况和良好的水循环工况。

18-43　锅炉受热面上的铜垢是怎样形成的？如何防止？

答：锅炉受热面上的铜垢主要是由于随给水进入锅炉的氧化铜还原成金属铜的电化学过程造成的。这个过程与锅炉的压力无关，主要是在受热面热负荷过高的区域，金属表面的氧化膜遭到破坏的同时形成了局部电位差，使锅炉金属转入锅炉水成为二价铁离子，放出的电子被铜离子吸收而形成金属铜，沉淀在管壁上。

铜的沉淀量随锅炉热负荷的增加而增加，其电化学过程为：

$$Fe^{-} \longrightarrow Fe_{2} + 2e$$

$$Cu_{2} + 2e^{-} \longrightarrow Cu$$

防止铜垢形成的办法如下：

（1）尽量防止热力设备铜制件的腐蚀，减少给水中的含铜量。

（2）在锅炉运行时，尽量避免局部热负荷过高的现象发生。

18-44　如何防止锅炉水产生“盐类暂时消失”现象？

答：防止锅炉水中产生“盐类暂时消失”现象的方法如下。

（1）改善锅炉燃烧工况，使各部分炉管上的热负荷均匀；防止炉膛内结焦、结渣，避免炉管上局部热负荷过高。

（2）改善锅炉炉管内锅炉水流动工况，以保证水循环的正常运行。

（3）改善锅炉内的加药处理，限制锅炉水中的磷酸根含量。如采用低磷酸盐处理或平衡磷酸盐处理等。

（4）减少锅炉炉管内的沉积物，提高其清洁程度等。

18-45　给水系统的腐蚀对热力设备运行有何影响？

答：给水系统的腐蚀会使给水中含有大量的铜、铁腐蚀产物，直接影响到锅炉设备的安全运行。这些金属腐蚀产物进入锅内后，会在锅炉水冷壁管的局部热负荷高的地方，形成氧化铁垢和铜垢。氧化铁垢和铜垢的导热性能很差，对锅炉的运行有很大的影响。另外，垢下水冷壁管常有腐蚀发生。此外，给水系统的设备（如给水泵、加热器等）和管道被腐蚀后，能缩短其使用期，严重时造成设备损坏，影响电厂的安全经济运行。

18-46　锅炉金属的应力腐蚀有几种类型？分别是什么？

答：锅炉金属的应力腐蚀有三种类型，分别是腐蚀疲劳、应力腐蚀开裂及苛性脆化。

18-47　水垢的危害是什么？

答：不论哪种水垢，当其附着在热力设备受热面上时都将危及热力设备的安全、经济运行。因为水垢的导热性很差，妨碍传热。使炉管从火焰侧吸收的热量不能很好地传递给水，炉管冷却受到影响，这样壁温升高，造成炉管鼓包，引起爆管。

18-48　水垢和水渣对热力设备运行有哪些影响？

答：热力设备内产生水垢或水渣，对热力设备的安全、经济运行有很大的危害，主要表现在以下几个方面。

（1）影响热传导，降低锅炉的经济性。由于水垢的导热系数比金属的导热系数小几十至几百倍，如锅炉受热面结有1mm厚水垢，就可使燃料消耗量增加1.5%～2.0%，从而浪费大量的燃料，造成经济上的巨大损失。

（2）引起或促进热力设备的腐蚀。当金属受热面结有水垢，尤其是铜垢和铁垢时，会加速金属垢下的腐蚀，导致热力设备损坏，被迫停运、检修。

（3）引起受热面金属过热、变形、鼓包，甚至爆破。

（4）破坏锅炉设备的正常水循环。水冷壁管内结垢，使其流通截面减小、阻力增大，影响正常的水循环，严重时可使水循环中断。

18-49　在运行中，锅炉水的磷酸根含量突然降低，原因有哪些？

答：在运行中，锅炉水的磷酸根含量降低的原因主要有以下几个方面。

（1）给水硬度超过标准。如补给水、凝结水、疏水或生产返回水硬度突然升高而引起的给水硬度超过标准。

（2）锅炉排污量大或水循环系统中的阀门泄漏。

（3）锅炉负荷增大或负荷增大时产生“盐类暂时消失”现象。

（4）加药量不够，如加药泵被污物堵塞，泵内进空气打不上药，磷酸钠溶液浓度低或加药不及时等。

（5）加药系统的阀门不严，药液加到其他锅炉内或漏至系统外。

18-50　锅炉在运行过程中，为什么要进行排污？

答：进入锅炉内的给水或多或少地含有一些杂质。随着锅炉水的不断蒸发、浓缩，少部分杂质被饱和蒸汽带走，但大部分杂质留在炉水中。随着锅炉运行时间的增加，炉水中的杂质含量逐渐增加，当杂质浓度达到一定限度时，就会给锅炉设备带来很多的不良影响，如锅炉受热面生成水垢、蒸汽质量劣化、锅炉金属腐蚀等。为了锅炉设备的安全经济运行，就必须保持锅炉水所含杂质的浓度在允许的范围内，这就需要不断地从锅炉中排除含盐量较大的锅炉水和细微的悬浮的水渣。锅炉排污是锅内水处理工作的重要组成部分，是保证锅炉设备不产生水垢、蒸汽品质达到允许值的主要手段。

18-51 在水、汽监督中，发现水质异常，应先查明什么？

答：在水、汽监督中，发现水质异常，应先查明以下方面。

（1）检查所取的样品正确无误。

（2）检查所用仪器、试剂、分析方法等完全正确，计算无差错。

（3）检查有关在线表指示是否正常。

18-52 什么情况下，锅炉可能发生氧腐蚀？

答：如除氧器运行不正常，给水中的溶解氧就会带入锅炉内。有时还可能发生因溶解氧的测定不正确或测定不连续进行，而没有发现除氧器运行不正常的情况。当给水中的含氧量不是很大时，腐蚀首先发生在省煤器进口端，随着其含氧量的增大，腐蚀可能延伸到省煤器的中部和尾部。

18-53 炉水的含盐量对蒸汽品质有何影响？

答：锅炉水含盐量未超过某一数值时，对蒸汽品质基本上没影响，但当炉水含盐量超过某一数值时，对蒸汽品质的影响明显增加。

（1）随着锅炉水含盐量的增加，其黏度变大，使得水层中的水、汽泡不易合并成大汽泡，因此在汽包水室中便充满着小汽泡，而小汽泡在水中上升速度较慢，结果使水位膨胀加剧，汽空间高度减小，不利于汽、水分离。

（2）当锅炉水中杂质含量增高到一定程度时，在汽、水分界面处会形成泡沫层，泡沫层会导致汽空间高度减小，影响汽、水分离。泡沫层太高时，蒸汽可直接把泡沫带走，引起蒸汽大量带水。

当锅炉水含盐量提高到一定程度时，这两方面的因素都会使汽、水分离效果变坏，蒸汽大量带水，造成蒸汽含盐量急剧增加。

18-54　锅炉的运行工况对蒸汽品质有何影响？

答：锅炉的运行工况对蒸汽品质的影响主要表现在以下几个方面。

（1）汽包水位。汽包水位过高，汽包上部的汽空间高度就必然减小，将缩短水滴飞溅到蒸汽引出管口的距离，不利于自然分离，使蒸汽带水量增加。

（2）锅炉负荷。锅炉负荷增加时，由于汽水混合物的动能增大，机械撞击喷溅所形成的水滴的量和动能也都增大，再加上蒸汽引出汽包的流量增大，流速加快，所以蒸汽运载水分的能力增大，蒸汽带水量也就增大。

（3）锅炉的负荷、水位、压力等的变动。锅炉的负荷、水位、压力变动太剧烈，也会使蒸汽大量带水。例如，当锅炉负荷突然增大，压力骤然下降时，由于水的沸点下降，炉水会发生急剧的沸腾，产生大量蒸汽泡。这样就会使汽泡破裂，产生大量的细小水滴，而且水位膨胀也大大加剧，使汽空间减小，造成蒸汽带水量增加，促使蒸汽含盐量增大。

18-55　简述锅炉水外状浑浊的原因及处理方法。

答：（1）锅炉水外状浑浊的原因如下。

1）给水浑浊或硬度太大。

2）锅炉长期没有排污或排污量不够。

3）新炉或检修后锅炉在启动的初期。

（2）锅炉水外状浑浊的处理方法如下：

1）查明硬度高和浑浊的水源，对此水源进行处理或减少其使用量。

2）严格执行锅炉的排污制度。

3）增加锅炉排污量直至水质合格为止。

18-56　简述蒸汽中含钠量或含硅量不合格的原因及处理方法。

答：（1）蒸汽中含钠量或含硅量不合格的原因如下。

1）锅炉水的含钠量或含硅量超过极限值。

2）锅炉的负荷太大，水位太高，蒸汽压力变化过快。

3）喷水式蒸汽减温器的减温水水质不良或表面式减温器发生泄漏。

4）锅炉加药浓度太大或加药速度太快。

5）汽水分离器效率低或各分离元件的接合处不严密。

6）洗汽装置不水平或有短路现象等。

（2）蒸汽中含钠量或含硅量不合格的处理方法如下。

1）查明造成锅炉水不合格的水源，并采取措施使此水源水质合格或减少其使用量。

2）根据热化学试验结果，严格地控制锅炉的运行方式。

3）表面式减温器泄漏时，应停用减温器或进行停炉检修；因给水系统运行方式不当而造减温水质量劣化时，应调整给水系统的运行方式。

4）降低向锅炉加药的药液浓度或速度。

5）消除汽水分离器的缺陷。

6）消除洗汽装置的缺陷。

18-57　简述给水含钠量（或电导率）、含硅量、碱度不合格的原因及处理方法。

答：（1）给水含钠量（或电导率）、含硅量、碱度不合格的原因如下。

1）组成给水的凝结水、补给水、疏水或生产返回水的含钠量（或电导率）、含硅量、碱度不合格。

2）锅炉连续排污扩容器送出的蒸汽严重带水（此蒸汽通向

除氧器时)。

(2) 给水含钠量(或电导率)、含硅量、碱度不合格的处理方法如下。

1) 查明不合格的水源，并采取措施使此水源水质合格或减少其使用量。

2) 调整连续排污扩容器的运行。

18-58　简述隔膜柱塞计量泵不出药的原因。

答: 隔膜柱塞计量泵不出药的原因如下。

(1) 泵吸入口高度太高。

(2) 吸入管道堵塞。

(3) 吸入管漏气。

(4) 吸入阀或排出阀(指止回阀)有杂物堵塞。

(5) 油腔内有气。

(6) 油腔内油量不足或过多。

(7) 泵阀磨损关不严。

(8) 转数不足或冲程量太小。

18-59　什么是高温腐蚀? 什么是低温腐蚀?

答: 高温腐蚀是指高温受热面(水冷壁、屏式过热器、高温过热器、再热器)在高温烟气环境下在管道温度较高时发生的烟气侧腐蚀。多发生在燃油炉和液态排渣炉上，高压固态排渣炉也时有发生。

低温腐蚀是指当锅炉受热面壁温低于烟气露点时，烟气中含有二氧化硫的水蒸气在壁面凝结所造成的腐蚀。主要发生在空气预热器的冷端。

18-60　什么是应力腐蚀?

答: 凝汽器铜管常受机械和重力的拉伸，以及蒸汽和水的振动而产生应力，在应力作用下的腐蚀叫做应力腐蚀。

18-61　什么是汽水腐蚀？

答：当过热蒸汽温度高达450℃时，它就要和碳钢发生反应，引起管壁均匀变薄，腐蚀产物常常呈粉末状或磷片状，多半为四氧化三铁。

18-62　什么是碱性腐蚀？

答：在沉积物下因炉水浓缩而形成很高浓度的OH^-离子的腐蚀称为碱性腐蚀。

18-63　什么是苛性脆化？

答：水中的苛性钠使受腐蚀的金属发生脆化称为苛性脆化。

18-64　防止锅炉受热面产生钙、镁水垢，应采取哪些措施？

答：防止锅炉受热面产生钙、镁水垢，应采取如下措施。

(1) 最大限度地降低给水中的残留硬度。

(2) 严格进行锅炉内的加药处理，调节锅炉水的组成成分，使钙、镁离子形成分散状态的水渣。

(3) 正确、及时地进行锅炉排污，把锅炉水中的悬浮物、水渣等沉积物及时地排掉。

18-65　怎样选择停备用锅炉的保护方法？

答：选择停备用锅炉的保护方法，应根据具体条件并考虑以下几个主要问题。

(1) 锅炉本体的结构形式。

(2) 停备用时间的长短。

(3) 周围环境的温度。

(4) 现场的设备条件。

(5) 水的来源和质量等。

18-66　如何采取措施减缓汽包炉运行阶段的腐蚀？

答：采取以下措施减缓汽包炉运行阶段的腐蚀。

(1) 减少凝结水和给水系统内的腐蚀产物。

1) 给水校正处理。将给水 pH 值控制在 8.8～9.3，减少给水中铁和铜的含量。

2) 做好给水系统及加热器的停用保护。在锅炉停用期间，如未采用防腐措施，炉前的氧腐蚀产物在下一次启动期间将进入锅炉，造成二次产物的腐蚀。

(2) 减少腐蚀性污染物进入锅炉内。

1) 避免凝汽器泄漏。如发生泄漏，应及时查漏、堵漏。

2) 保证补给水水质合格。

(3) 认真做好炉水校正处理。采用低（平衡）磷酸盐处理或全挥发处理，以达到减缓锅炉腐蚀的目的。

18-67　何谓锅炉内沉积物下的腐蚀？如何防止？

答：当锅炉内金属表面附着有水垢、水渣或金属腐蚀产物时，在其下面会发生严重的腐蚀，这种腐蚀称为锅炉内沉积物下的腐蚀。这种腐蚀和锅炉水的局部浓缩有关，因此也称为介质浓缩腐蚀。

防止锅炉内沉积物下的腐蚀，一般采取下列措施。

(1) 对新装锅炉或运行后的锅炉，都应进行必要的化学清洗。

(2) 做好给水系统的防腐工作，减少给水中的铜、铁含量。

(3) 做好停备用锅炉的防腐工作，防止在停备用时期锅炉内发生腐蚀。

(4) 提高给水品质，使给水带入锅炉内的腐蚀性成分尽可能地降低。

(5) 选用合理的锅炉内水处理方式，调节锅炉水水质，消除或减少锅炉水中的侵蚀性杂质。

18-68　遇到有人触电应如何急救？

答：遇到有人触电时，应立即切断电源，使触电人脱离电源并进行急救。如果开关不在近旁，应使用不导电的东西把触电人身上的电线拉开，使触电人脱离电源；如果在高空工作，抢救时必须注意防止高空坠落。

18-69　什么是烧伤？烧伤有哪些危险？

答：无论是被火烧伤、油品烧伤，还是接触高温物体、化学药品、电流放射线及有毒气体等，从而引起的人体受伤，统称为烧伤。

烧伤的主要危险性是使人体损失大量水分，烧伤后容易引发并发症。此外，被化学品烧伤，可引发身体中毒等。

18-70　在锅炉运行中为何要进行汽包水位调整？

答：保证汽包水位正常，是锅炉和汽轮机安全运行的重要保证。水位过高，蒸汽空间高度减小，蒸汽带水量增加，使蒸汽品质恶化，容易造成蒸汽大量带水，过热蒸汽温度急剧下降，引起主蒸汽管道和汽轮机严重水冲击。

18-71　给水为什么要除氧？

答：因为给水中溶有这种气体，其中对热力设备危害最大的有 O_2 和 CO_2，热力系统中水、汽温度较高，加速了有害气体的腐蚀作用，氧和 CO_2 是引起锅炉腐蚀的主要介质，具体地说就是引起热力设备的氧腐蚀和酸腐蚀，以其引起的一系列的有害反应，因此给水必须除 O_2。

18-72　热力除氧原理是什么？

答：根据亨利定律，任何气体在水中的溶解度与此气体在气水界面上的分压成正比。在敞开的设备中将水温升高时，各种气体在水中的溶解度将下降，这是因为随着温度升高，会使气水界而上水蒸气的分压增大而其他气体的分压降低。当水温达到沸点时，它就不具有溶解气体的能力，因为此时气水界面上的蒸汽压力和外界压力相等，其他的气体的分压都为零，所以各种气体均不能溶于水中，这就是热力除氧的原理。

18-73　给水系统溶解氧腐蚀的特征是什么?

答: 当钢铁受到水中溶解氧腐蚀时，常常在其表面形成许多小型鼓包，直径为 1～30mm，这种腐蚀特征称为溃疡腐蚀，鼓包表面的颜色由黄褐色到砖红色都有，在省煤器中的大都是砖红色，外表层以下是黑色粉末状腐蚀坑陷。溃疡腐蚀点上各层腐蚀产物有不同颜色，是由于它们是由不同化合物组成的，其表面层的黄褐色到砖红色的产物是各种形态的氧化铁，外表层以下的黑色粉末是 Fe_3O_4，紧靠金属表面处还有一个黑色层是 FeO。

18-74　简述省煤器再循环阀故障时的补救措施。

答: 当需要省煤开启时，就地手动开启或在汽包液化允许的条件下，适量打开汽包给水调节阀，使省煤器内保持一定的流量。当锅炉稳定运行时，此时要求省煤器再循环阀关闭，应上平台就地手动关闭省煤器再循环阀。

参 考 文 献

[1] 张磊，张立华. 600MW 火力发电厂机组运行技术：燃煤锅炉机组. 北京：中国电力出版社，2006.

[2] 张磊，马明礼. 600MW 火力发电厂机组运行技术：燃料运行与检修. 北京：中国电力出版社，2006.

[3] 张磊，柴彤. 大型火力发电机组故障分析. 北京：中国电力出版社，2007.

[4] 张磊，李广华. 超超临界火电机组丛书：锅炉设备与运行. 北京：中国电力出版社，2007.

[5] 张磊，马明礼. 超超临界火电机组丛书：汽轮机设备与运行. 北京：中国电力出版社 2008.

[6] 张磊，夏洪亮. 大型电站锅炉耐热材料与焊接. 北京：化学工业出版社，2008.

[7] 张磊，柴彤. 大型火力发电机厂典型生产管理. 北京：中国电力出版社，2008.

[8] 张磊，夏洪亮. 超（超）临界机组耐热材料与焊接技术问答. 北京：中国电力出版社，2010.

[9] 林宗虎，张永照. 锅炉手册. 北京：机械工业出版社，1987.

[10] 留永贵. 锅炉本体安装. 北京：中国电力出版社，2002

[11] 刘爱忠. 燃煤锅炉机组. 北京：中国电力出版社，2003.

[12] 留永贵. 锅炉本体安装. 北京：中国电力出版社，2002.

[13] 中国电力企业联合会科技开发服务中心. 2010 年全国发电企业设备检修技术大会论文集电力技术，2010（1）.